村镇规划与环境基础设施配置丛书

城乡生态与环境规划

王德全　咸宝林　主编

中国建筑工业出版社

图书在版编目（CIP）数据

城乡生态与环境规划／王德全，咸宝林主编. —北京：中国
建筑工业出版社，2018.8（2024.2重印）
（村镇规划与环境基础设施配置丛书）
ISBN 978-7-112-22302-2

Ⅰ.①城… Ⅱ.①王… ②咸… Ⅲ.①生态环境－城乡规划－环
境规划－研究－中国 Ⅳ.①X321.2

中国版本图书馆CIP数据核字（2018）第123682号

责任编辑：石枫华　兰丽婷　王　磊
书籍设计：锋尚设计
责任校对：芦欣甜

村镇规划与环境基础设施配置丛书
城乡生态与环境规划
王德全　咸宝林　主编

*

中国建筑工业出版社出版、发行（北京海淀三里河路9号）
各地新华书店、建筑书店经销
北京锋尚制版有限公司制版
建工社（河北）印刷有限公司印刷

*

开本：787×1092毫米　1/16　印张：6¾　字数：159千字
2018年9月第一版　2024年2月第七次印刷
定价：**42.00**元
ISBN 978 - 7 - 112 - 22302 - 2
　　　（32159）

目　录

第1章

绪论

1.1 城乡生态环境的概念

1.1.1 生态与生态系统

1.1.1.1 生态

"生态"一词源于古希腊，意指家或我们的环境，简言之，就是一切生物的生存状态，意即它们相互之间及其与环境间环环相扣的关系。生态概念的产生最早是从研究自然界中生物个体开始的，从学科概念的发展来看，Haeckel于1866年首先对生态学作出定义，认为"生态学是研究动物对有机环境和无机环境的全部关系的科学"；英国生态学家Elton（1927）在最早的一本《动物生态学》中，把生态学定义为"科学的自然史"；苏联生态学家КаШкароb（1945）认为，生态学研究的是"生物的形态、生理和行为的适应性"；澳大利亚生态学家Andrewartha（1954）认为"生态学是研究有机体的分布与多度的科学"；美国生态学家E. Odum（1956）提出的定义是："生态学是研究生态系统的结构和功能的科学"；我国生态学会创始人，已故院士马世骏（1980）先生认为生态学是"研究生命系统与环境系统之间相互作用规律及其机理的科学"。尽管不同时期的不同学者对生态学有着不同角度的阐释，但生态学的基本内涵为"研究有机体与其环境之间相互关系的学科"，已得到广泛的认可。因此，作为生态学研究对象的"生态"的基本内涵也即为"有机体与其环境之间的相互关系"。

从语源来看，英文"ecology"的词根源于希腊语"Οikoθ"和"Λoyoθ"，"Οikoθ"的主要含义有"家庭、房屋、财产和继承人"，"Λoyoθ"的含义为"研究"或"学科"。因而，"ecology"初始的字面含义可以理解为"研究家庭的学科"。从生态学的研究范畴来看，这个"家庭"实际上即是地球上的有机体与环境共同组成的、复杂的、开放性的非平衡系统，这一系统通过有机体之间及其与其环境之间的种种相互作用紧密组织，并依靠不间断负熵流维持自身的功能与结构。本文暂将这一整体系统称为"地球生命系统"。通常认为，"系统是相互联系、相互作用着的诸元（要）素的集，或统一体"。而要素是"组成系统最小的即不需再细分的单元或成分"。任何系统都由要素组成，要素之间通过相互作用促使系统作为一个整体运动与演化。因此，从更为宏观整体的系统视角来看，"生态"的基本内涵可以表述为"地球生命系统的运动与演化机理"。

1.1.1.2 生态系统

"在一定时间和空间范围内，生物与生物之间，生物与物理环境之间相互作用，通过物质循环、能量流动和信息传递，形成特定的营养结构和生物多样性，这样一个功能单位就被称为生态系统"，这就是由英国生态学家坦斯利（A·G·Tansley）在1935年首次提出，并由林德曼（Lindman）、惠特克（Whittaker）、奥德姆（Odum）和许多生态学者逐步完善的关于生态系统的概念，也是被公认为生态学界至今为止最重要的一个概念。

Tansley提出："更基本的概念是完整的系统（物理学上所谓的系统），它不仅包括生物复合体，而且还包括人们称为环境的全部物理因素的复合体。我们不能把生物从其特定的、形成物理系统的环境中分隔开来。这种系统是地球表面上自然界的基本单位。这些生态系统有各种各样的大小和种类。"因此，生态系统这个术语的产生，主要在于强调一定地域中各种生物相互之间、它们与环境之间功能上的统一性。生态系统主要是功能上的单位，而不是生物学中分类学的单位。

学者在应用生态系统概念时，对其范围和大小并没有严格的限制，小至动物有机体内消化道中的微生态系统，大至各大洲的森林、荒漠等生物群落型，甚至整个地球上的生物圈或生态圈，其范围和边界是随研究问题的特征而定。例如，池塘的能流、核降尘、杀虫剂残留、酸雨、全球气候变化对生态系统的影响等，其空间尺度的变化很大，相差若干数量级。同样研究的时间尺度也很不一致。

自20世纪30年代以来，科学界掀起"系统分析"的热潮，极大地推动了关于"自然平衡"和早期群落稳定性问题的研究。Odum指出，生态系统是一个包括生物和非生物环境的自然单元，二者相互作用产生一个稳定系统，在系统的中的生物与非生物环境之间通过循环途径进行着物质的交换。

近几十年来生态系统研究成为生态学主流，它与人类社会的持续发展有密切关系。因为人类赖以生存的地球环境、人口、生物资源已经受到严重威胁，温室效应、臭氧层破坏、酸雨、全球性气候变化等当前人类社会最为关心的问题已经影响了地球这个生命维持系统的持续存在。地球上大部分自然生态系统本来就有维持稳定、持久，物种间协调共存等的特点，这是长期进化的结果。向自然生态系统寻找这些建立持续性生态系统性的机理，以给人类科学地管理好地球以启示，是研究生态系统规律的主要目的。另一方面，生态系统的概念和原理，已经为许多学科和许多实践领域所接受，诸如生态学与经济学的密切结合和生态经济学的形成与发展、生态系统服务和生态系统管理的提出、农业上的农业生态系统、环保中的生态评价、生态管理和风险性估计、濒危物种和生物多样性保护、大工程建设和自然改造大规划的生态预评并对生态学家提出进一步要求，发展有关生态系统的理论。

20世纪60年代开始的IBP（国际生物学计划）和以后的MAB（人与生物圈）、SCOPE、IGBP、全球变化及陆地生态系统研究（GCTE）等国际合作研究规划相继出现，所有这些使生态学从生物学中一个分支学科上升到举世瞩目的地位，并发展成一门独立的生态科学；而生态学的主流也由种群生态学和群落生态学转移到生态系统生态学。

生态系统概念的提出为解释众多生态现象提供了一个思维框架。目前，生态系统的研究越来越多关注生态稳定性和可持续发展问题。

1.1.2 城乡生态环境

1.1.2.1 生态环境

生态环境指影响人类生存和发展的一切外界环境条件的总体，包括自然和人类改变了的（如被污染的）环境。城乡生态环境是生态环境的局地化和地域化，城乡生态环境在人居系统演进的漫长过程中，与后者互相影响、互相作用，对城乡人居系统的整体状态和未来走向，具有基础性的决定意义。

1.1.2.2　城乡一体化

我国城乡生态环境存在着明显的二元化倾向。所谓城乡生态环境二元化指城、乡在生态环境的结构、功能、质量等方面的不平衡状态及发展趋势。城乡一体化是中国现代化和城市化发展的一个新阶段，城乡一体化就是要把工业与农业、城市与乡村、城镇居民与农村村民作为一个整体，统筹谋划、综合研究，通过体制改革和政策调整，促进城乡在规划建设、产业发展、市场信息、政策措施、生态环境保护、社会事业发展上的一体化，改变长期形成的城乡二元经济结构，实现城乡在政策上的平等、产业发展上的互补、国民待遇上的一致，让农民享受到与城镇居民同样的文明和实惠，使整个城乡经济社会全面、协调、可持续发展。

城乡一体化是随着生产力的发展而促进城乡居民生产方式、生活方式和居住方式变化的过程，使城乡人口、技术、资本、资源等要素相互融合，互为资源，互为市场，互相服务，逐步达到城乡之间在经济、社会、文化、生态、空间、政策（制度）上协调发展的过程。

1.1.2.3　生态效益对城乡生态环境一体化规划的意义及作用

城乡生态环境一体化规划是为了解决我国城乡生态环境二元化问题而提出的具有一般意义的思路。我国城乡生态环境二元化的表现比较明显，可初步概括为：城乡生态环境投资力度相差悬殊；城乡资源环境影响强度相差悬殊；城乡生态环境发展走向存在一定程度的背离；"城乡环境差"等几个方面。

城乡生态环境一体化规划必须具有较科学的规划理念（指导思想）、分析手段（框架），以便将城、乡生态环境整合成一个整体，并在此基础上，对城乡生态环境进行统一的分析和评价，确定目标和指标体系，进而编制城乡生态环境一体化规划。以上诸项内容的关键是：需要有效的、明确地将理论与方法紧密结合的分析手段（框架）。从某种意义上而言，这也是我国城乡生态环境的规划建设和管理及制度存在着一系列有待完善的议题中的核心议题之一。

衍生于生态效益的城乡生态效益概念除了具备一般意义的生态效益的特征之外，还具有其他鲜明的特色，这些特色使其对于城乡生态环境一体化规划产生了积极的意义和作用。第一，生态效益作为一种理论和观点，兼顾了经济和环境两大系统；城乡生态效益则因其重视和兼顾城市与乡村的特性而使其可以作为城乡关联研究的重要手段，拓展了城乡生态环境研究的理论和工具。生态效益对城乡生态环境问题的解释和揭示使其可能成为落实国家战略（生态文明、科学发展观等）、解决城乡二元化趋势、解决城乡生态危机的重要举措和手段之一。

第二，生态效益具备的明确性特征（因其具有可计量性），使其成为对城乡生态环境建设、低碳规划建设行为进行有效性的衡量、鉴别的工具之一。同时，以生态效益作为城乡生态环境一体化规划的核心和指导思想，可以提高城乡规划的系统性。

第三，生态效益还具有一定的综合预警性职能（生态效益指数可表征人类行为对环境影响及作用的状态和程度，对生态环境的可持续与否的判断具有明确的指针作用），因而，以生态效益作为城乡一体化规划的重要参数，可以提高"规划的预警性"。

第四，生态效益的可计量性和可比较性，在使其具有能够将城乡可持续发展目标转化为切实可行的衡量手段的同时，也具有较强的可操作性，因而，生态效益评价及分析将使城乡生态环境规划的可操作性得到提高。

1.2 我国城乡规划沿革

1.2.1 1949年以来城乡规划的发展历程

1.2.1.1 1949～1978年的城市总体规划

中华人民共和国成立初期，我国城市百废待兴，随着国家发展战略从农村向城市的转变，我国开始了大规模的城市建设，建立现代化的工业体系成为中华人民共和国成立初期我国城市发展的主题，我国的现代城市规划工作也是从这一时期开始的。从当时的现实条件来看，我国这一轮城市总体规划在很大程度上是为工业用地布局服务。从全国范围内来说，这次规划应该是我国自新中国成立以来全面开展的第一轮总体规划。

第一轮城市总体规划最明显的特征就是规划作为国民经济计划的延续和具体化。《重建中国——城市规划三十年（1949～1979年）》一书作者华揽洪曾向一位苏联城市规划专家请教在没有明确的经济计划以前做城市规划方案的最佳方法是什么，该苏联专家的回答很简单"没有经济计划就谈不上城市规划方案"，从这样的回答可以看出，在特殊的时代，我们的城市规划完全学习于苏联，苏联城市规划的模式与经验就是我们的规划教条与行动指南，因此作为国民经济计划的延续或者听命于经济计划就是这个时代城市规划的主旋律。

从已有的文献和查阅的相关城市总体规划案例来看，第一轮城市总体规划大体包括以下主要内容：城市总体布局规划、专项规划和近期建设规划。专项规划主要考虑城市对外交通规划、城市道路规划、电力电信规划、给水排水规划、园林绿化规划、公共服务设施规划等，有的城市还考虑防洪防汛、防震抗震和人防战备以及重点居住区详细规划。这轮规划的历史使命主要包括大中型重点工业项目在城市中的合理选址、布局和安排，以及与工业相关的配套实施建设；城市功能分区考虑了城市对外交通联系和城市道路网骨架，以及电力电信、给水排水、城市公园、防洪防汛等基础设施建设简单的环境保护要求。

1.2.1.2 1978～1990年的城市总体规划

1978年以来，我国迎来了全方位的改革和开放，经济开始复苏，各种产业也在迅速寻求着自己的发展空间，这时就急需城市规划来对产业空间进行安排和布局。我国城市也就开始了新一轮的城市总体规划。

虽然我国第二轮城市总体规划开始于20世纪80年代，改革开放在我国尤其是沿海地区已经开始，但是这个时期的城市总体规划仍然具有强烈的计划经济时期的特点，同样是作为国民经济计划的延续，落实国民经济计划在城市空间上的布局，但又有了新的特征，那就是这一轮城市总体规划是参与经济计划，以拓展区域影响和以大力拓展城市基础设施为主要特征的城市规划。

这一轮规划主要在原有内容基础上，增加了对城市经济社会发展内容的分析和城镇体系规划，同时专项规划的内容也很丰富，如历史文化名城保护规划；同时由于唐山大地震的启示，这一轮规划中普遍增加了防震规划的内容，还有部分城市开始尝试分区规划等等。这一轮规划解决的主要问题包括：第一，城市性质、规模、发展方向和城市空间骨架，城市功能的合理分区和布局调整；第二，按照《城市规划条例》和《城市规划法》对规划区概念的界定，许多城市开始划定城市规划区；第三，强化城市基础设施建设；第四，污染工业的控制、调整、搬迁和环境保护；第五，旧城改造和生活居住区建设。

1.2.1.3 《中华人民共和国城市规划法》背景下的城市总体规划

这一轮城市总体规划可以看作中华人民共和国成立以来我国大规模开展的第三轮城市总体规划，该轮城市总体规划是改革开放以后市场经济体制的产物，是有《城市规划法》作为法律保证和依法行政的产物，是21世纪初基本实现现代化：要有较高的环境质量、有要较高的生活质量、要有较高的城市基础设施现代化、有产业现代化和产业结构优化、要以管理的现代化为目标并考虑城市化进程加快和可持续发展的城市总体规划。

第三轮城市总体规划是一个有法可依、依法制定的规划。在城市规划的制定方面，我国的城市规划已经走向成熟，建立了我国的城市规划体系，主要内容包括：编制城市总体规划纲要、城镇体系规划、总体规划、分区规划、控制性详细规划、修建性详细规划以及城市设计等。同时相关内容在第二轮城市总体规划的基础上，又着重增加考虑了以下几方面的内容：第一，研究确定了21世纪初基本实现现代化的城市发展具体目标；第二，把各类开发区、国有土地使用权出让、转让和房地产业开发统一到城市规划中来；第三，重视城市历史文化的保护与发展；第四，注重城市环境质量和资源的合理利用，贯彻可持续发展原则；第五，研究探索现代化城市综合交通体；第六，积极考虑城市地下空间的开发利用和保护；第七，注意塑造良好的城市形象和城市个性特色。同时这一轮总体规划还增加了近期建设规划的内容。可以看出，这一轮的总体规划在《城市规划法》和1991年版《城市规划编制办法》的指导下，规划内容较以往更全面、丰富，内涵更加深刻，同时也更加规范，使城市总体规划真正成为指导城市开发建设的主要依据。

1.2.1.4 战略规划

我国关于城市空间发展战略规划的研究起于1980年代，刚开始付诸实践是依附总体规划，类似于现阶段的城市总体规划纲要，但是在内容上又与之略有不同，当时的城市空间发展战略规划更强调城市总体的空间结构和空间的发展方向，而现阶段的城市总体规划纲要涉及的内容则不仅仅局限于城市空间发展情况，有可能还包括人口、产业等在内的关于城市发展的一系列重大问题。战略规划在我国作为独立的规划实践是在20世纪末随着广州概念规划的成功才逐渐在全国范围展开，随后各大城市争相效仿，南京、成都、杭州、宁波等城市迅速开展了本城市的战略规划，随着战略规划编制技术手段的日趋成熟，各中小城市乃至小城镇都开始了城市战略规划的编制。

从已有的战略规划成果来看，战略规划一般都涉及产业发展战略、空间发展与结构布局、生态与环境保护、基础设施支撑体系、城市文化与社会发展、实施策略与机制等。在这几方面的内容中，产业与空间发展战略一直是城市发展战略研究的核心。朱介鸣分析了2000年以来我国24个城市的发展战略概念规划，发现这些战略规划的内容主要侧重于下列要素：城市SWOT分析；经济发展战略（旅游、物流、产业群等）；空间结构塑造；区域竞争与合作；新区构造（大学城、高新技术开发区、新市中心等）；土地资源规划；社区发展等。从案例分析可以明显地看出，产业、空间结构、区域竞争等成为战略规划最主要的内容。

1.2.1.5　区域规划

区域规划在最近这些年的复兴缘于近年来区域经济在经济全球化大背景下的快速发展而由此引起了全社会对区域空间的广泛关注。

1.2.1.6　城乡统筹规划

"新城乡规划"一般具有如下特征：从传统的城市总体规划只注重中心城区发展到注重整个市域内城乡发展；弱化了原来城市总体规划中市域城镇体系规划的环节，但更强调区域内聚落体系的构建和各级聚落的规划发展指引；从传统的注重物质空间安排转向对区域内社会经济的全面发展。最重要的特征是从主要关注城市到关注城市与关注农村并重。另外，"新城乡规划"不管以何种类型出现都特别强调了城乡公共设施的均等化配置，都特别强调了城乡同等的发展权力，同时还提出了涉及该类规划实施中需要加强的制度建设问题。

城乡统筹规划的理论内容主要包括：城乡统筹发展的现状、存在的问题及发展条件的评价；城乡社会经济和空间统筹发展的总体战略规划；城乡各用地类型的规划；城乡基础设施建设的统筹规划；城乡环境保护与生态建设规划；城乡统筹发展的阶段性目标与建设的重点项目规划和针对性的城乡统筹发展途径与对策规划。

而从编制了城乡统筹规划的城市的案例实践来看，在实践中，城乡统筹规划的主要内容大致包括以下几点：城乡统筹规划除了关注城市空间和用地布局、城市交通规划、城市公共设施和市政设施规划、绿地系统规划等传统城市总体规划关注的内容之外，又注重从全区域内关注聚落城镇村体系的重构，将传统的城镇体系规划从镇扩展到村，尤其关注"三农"问题，这是传统城市总体规划几乎没有涉及的，这也是《城乡规划法》立法的初衷。

另外，从完成的城乡统筹规划案例来看，规划方案都在很大程度上认识到城乡统筹规划不仅仅是传统的物质空间规划，更重要的是要有一系列解决"三农"问题的制度体系的建设以保障规划的顺利实施，这其中最核心的又体现在集体土地的流转、户籍制度的改革、城乡同等的社会保障体系的建设等，这些，仅仅靠传统的物质空间规划很明显是无法完成的。

公众对统筹城乡建设最为关心的问题排位前三的分别是城乡社会体系保障、工业现代化和农业现代化、居民迁徙权。从这几点可以看出，公众的关注点都在城乡统筹建设能否给城乡在面临发展时以平等的发展权力和机会。

1.2.1.7　生态城市规划

可持续发展的概念最先是在1972年在斯德哥尔摩举行的联合国人类环境研讨会上正式讨论。1992年联合国环境与发展大会后，我国政府率先组织制定了《中国21世纪议程——中国21世纪人口、环境与发展白皮书》，作为指导我国国民经济和社会发展的纲领性文件，开始了我国可持续发展的进程。作为对我国可持续发展战略的响应，一些地方政府开始了基于城市可持续发展的规划实践，并将可持续发展的理念运用于从城市总体规划到城市设计、建筑设计等各个领域。

1.2.2 城乡规划的转型和方向

历史地看，城乡规划具有面向政治统治、面向经济发展和面向社会发展三个阶段或者三种功能类型（表1-1）。

中国城乡规划演进的脉络   表1-1

	面向政治统治的城乡规划	面向经济发展的城乡规划	面向社会发展的城乡规划
历史时段	古代	近现代	当代和未来
规划理论	礼制思想和儒家等级理论、天人合一思想和风水理论等	市场经济和计划经济理论、经济区位论、功能分区理论和地域生产综合体理论等	以人为本思想、人居环境理论、社会公正理论
规划重点	以强化政治统治为规划目标，各级政治统治城池和军事防守据点的布局：皇城与宫城、王府、官衙和礼制、风水、宗教建筑的布局等	以发展经济、提高生产效率和增加财富等为目标，各级经济中心、产业基地和产业配套体系的布局；产业空间主导的城市功能分区布局以及为生产配套的各类设施和用地的布局等	以社会发展与进步、提高生活质量和社会公正为目标，各级各类人居聚落体系的合理分布；生活服务、文化休闲等体系的布局；生活空间主导的城市分区布局以及各类社会服务设施的布局；弱势群体社会服务体系和设施的布局等
规划制订	政府主导城市规划，宗族和乡绅阶层主导乡村规划	政府主导、技术精英主笔、经济部门和企业参与	政府引导、社会参与、专家领衔
规划服务核心	统治阶级	企业、企业家等强势群体	全体社会大众，尤其是弱势群体
规划决策	统治阶级独裁	各级政府审定	政府与社会协商式决策

自20世纪80年代以来，我国城乡规划的编制一直处于不断探索和改革之中。在这个过程中存在若干明晰的导向（如公共政策转变导向、生态化转变导向等）。以人为本的新型城镇化阶段，我国的国家发展目标和治理体系均将发生重大的转型和变化。城乡规划作为国家治理体系和调控手段的重要构成，其基本的理念也需要与时俱进地进行转型。

"十三五"期间在城乡规划领域落实国家要求，回应社会发展需求，构建面向社会发展的城乡规划体系，需要实现规划理念的以下转型：规划原则由效益转向公平，规划内容由生产转向生活，规划目标由速度转向质量，规划单元由宏观整体转向微观个体，规划服务对象由强势群体主导转向弱势群体优先。顺应规划理念的全面转型，城乡规划要改变经济发展优先甚至唯一的状况，转向关注和服务于人的全面发展、关注和服务于社会经济的全面综合发展，并形成

"人—社会—空间"的新型空间规划逻辑。在规划内容上，部分规划内容需要适应社会发展要求进行调整，并对社会发展需要但规划体系缺乏的内容进行补充。

1.3 城乡环境保护规划与谋划

1.3.1 城乡规划领域对生态理念的关注

生态环境是人类赖以生存的自然空间，是人类文明发展和城镇化所依托的物质空间载体，因此如何与生态环境和谐共生共存是人类发展过程中一直探索的重要课题。我国在朴素哲学思想中就体现出"天人合一"的美好理想，在几千年的历史演变中，城镇规划和建设选址上均体现出了人与自然和谐共存的理念，讲究依山就势、水气相通、规矩方圆、安全宜居。国外学者和政府也在人、城市与自然和谐共处方面做了很多有益的探索，较为人知的从霍华德的田园城市到麦克哈格的设计结合自然，从美国的波士顿珍珠项链——城市公园系统的绿道到荷兰兰斯塔德的大都市绿心，人们向往与自然融合共生的愿望可见一斑。

我国政府早在1990年代就关注到这些问题，并不断加强国家对生态环境保护的关注、关心力度，自2007年以来，中央政府进一步提出了我国要建设生态文明社会的要求，把以人为本、尊重自然、传承历史、绿色低碳理念融入城市规划全过程。

1.3.2 城乡总体规划实践中对环境保护的探索

在我国近30年的城市规划设计实践中，有很多从编制初始就关注生态、资源、环境问题的优秀案例，探索如何落实生态理念。

（1）在2001年广州城市总体规划中开展了较为翔实的专题研究，提出生态优先、构建生态安全格局的城市组团发展模式。在2003年珠三角区域规划中开展了涉及生态环境领域的研究和评价工作，并提出区域内各城市之间要构建合理的"蓝脉绿网"生态格局，实现区域生态系统良性循环，这些研究为珠三角城市群区域绿道的形成奠定了基础。

（2）在2004年北京市城市总体规划中开展了专题研究，提出了北京城市总体规划应优先考虑生态环境和资源承载能力，基础设施的承载能力应按照2100万人进行预留。

（3）在2005年天津市城市总体规划中开展了分要素的专题研究，提出了基于生态承载和环境气候的双城双港结构。

（4）在2008年以后的大部分城市（乡）总体规划中均开展了生态和环境专题研究：在北川新县城重建规划中提出了基于地震引发生态破坏后防治水土流失和水灾而构建的生态安全格局，在曹妃甸新区规划中提出遵循水文特征保护唐海（曹妃甸）湿地的生态安全空间格局，在重庆城市总体规划优化中提出了面向三峡库区水文水环境安全和改善的生态格局，在舟山新区规划中提出了基于山水空间和水环境安全的本岛生态安全格局和生态基本控制线。

（5）自2007年起，中国城市规划设计研究院陆续开展编制多个城市总体规划环境影响评价，探索城市总体规划中环境影响评价的方法、切入时间和相关技术程序。在采用城市环境总体规划编制技术的前提下，将城乡规划技术与之结合。

这些生态环境领域的研究和与城乡总体规划布局方案充分衔接的实践都展现了城乡总体规划一直以来在不断探索城市与自然生态系统和谐共生的路径。

1.3.3　城乡总体规划中生态理念的核心价值

城乡总体规划中生态理念的核心价值可以总结为以下四点：

一是自然生态环境保护，二是资源能源持续利用，三是节能减排防治污染，四是山清水秀宜居生活。

（1）在自然生态环境保护方面，主要是人类在城镇发展中如何看待自然和对待自然，体现在对自然生态系统生态要素空间边界的尊重、对自然生态系统完整性的尊重和对生物多样性的保护，如在重要自然保护区、自然历史遗产地、水源地、公益林、湿地、水土流失区应禁止建设，并保护这些地区的上游和补水区，优化生态环境，保持生态功能。

（2）在资源能源持续利用方面，主要是人类在城镇发展中如何利用自然和开发自然，体现在对资源的合理有序高效开发以及开发时减弱开发影响、开发后恢复补偿开发影响，合理优化能源利用结构和提高能源利用效率，如倡导资源的局地、区域利用而不是长距离输送，对煤炭采空区和矿产资源开采区进行生态修复，能源系统中开展分布式建设并提高可再生能源利用比例。

（3）在节能减排防治污染方面，主要是人类在城镇发展中如何与自然共生共存共荣，体现在发展方式和路径上，如积极开展科技研发，利用新技术减少城镇地区的污染排放，采取循环技术对废物进行再利用。

（4）在山清水秀宜居生活方面，主要是人类在城镇化发展中如何实现最终理想格局和目标，体现在尊重自然形态和系统规律，与自然生态环境融合共生，在发展中将对自然的改造和影响降低到最低程度，如实施低影响开发。

1.4　城乡生态环境的发展趋势

（1）我国的城市建设在近35年来快速发展，各个城市也在中华民族寻求跨越发展、赶超欧美的进程中，采取了一些唯经济快速增长的方式方法，以低成本圈地和建设的方式选择性地忽视了人、城市与自然生态的和谐关系，导致近年来集中暴发了一系列水、大气、土壤和植被退化等问题。

（2）城乡发展不平衡，不仅表现在农村经济落后，而且更多地表现在农村社会事业发展滞后上，农村环境保护作为农村社会事业的一部分，更是一个薄弱环节。改革开放以来，一方面，随着工业污染源的控制和城市污水、垃圾处理厂的建设，城市基础设施的进一步完善，公共绿地面积增加，城市植被覆盖率提高，城市环境质量明显改善。另一方面，由于长期的投入不足和重视不够，有限的环保资源主要被应用于城市、工业污染的控制，而农村环境治理和保护大大滞后，全国 4 万多个乡镇，绝大多数没有环境保护的基础设施，60 多万个行政村绝大多数污染治理尚处于空白状态，农村环境保护技术滞后于农村经济发展的需要，落后的农村经济制约了对环境保护的需求。加之城市污染物向农村转移，加剧了农村环境污染问题，城乡环境治理和保护的差距呈现扩大的趋势。

第2章

生态环境与可持续发展

2.1　生态学基础理论及应用

2.1.1　生态学的研究对象

经典生态学的研究对象主要为个体、种群、群落和生态系统。现代生态学可延展为景观生态学、全球生态学和分子生态学。

依据研究对象的组织水平，有分子生态学、个体生态学、种群生态学、群落生态学、生态系统生态学、景观生态学、全球生态学等。

依据研究对象的分类学类群，有植物生态学、动物生态学、微生物生态学、昆虫生态学、地衣生态学、人类生态学等。

依据研究对象的生境类别，有陆地生态学、海洋生态学、淡水生态学、岛屿生态学等。

依据学科交叉，有数学生态学、化学生态学、物理生态学、地理生态学、生理生态学、进化生态学、行为生态学、生态遗传性、生态经济学等。

依据研究性质，有理论生态学、应用生态学（又包括农业生态学、森林生态学、草地生态学、自然资源生态学、城市生态学、恢复生态学、人类生态学）。

2.1.2　生态系统的一般特征

（1）生态系统的基本概念。

（2）生态系统的组成与结构。

（3）食物链和食物网。

（4）营养级和生态金字塔。

（5）生态效率。

（6）生态系统的反馈调节和生态平衡。

2.1.3　生态系统中的能量流动

（1）初级生产。

（2）次级生产。

（3）分解。

（4）能量流动。

（5）分解者和消费者在能流中的相对作用。

2.1.4　生态系统的物质循环

（1）物质循环的一般特征。

（2）全球水循环。

（3）碳循环。

（4）氮循环。

（5）磷循环。

（6）硫循环。

2.2　城市生态环境特征

2.2.1　城市生态环境的内涵

城市生态系统（Urban Ecosystem）指的是城市空间范围内，居民与自然环境系统和人工建造的社会环境系统相互作用而形成的统一体，属人工生态系统。1971年联合国教科文组织（UN-ESCO）在研究城市生态系统的人与生物圈计划（MAB）中，从生态学角度研究城市人居环境，将城市作为一个生态系统来研究，把城市生态定义为：凡拥有10万或10万以上人口，从事非农业劳动人口占65%以上，其工商业、行政文化娱乐、居住等建筑物占50%以上面积，具有发达的交通线网和车辆，这样一个人类聚居区域的复杂生态系统，称之为城市生态系统。

城市生态系统是由居住在城市的人类与生物，包括大气、水、土壤等非生物性的自然界组成的系统，城市具有高密度的人口与资金、物质、信息，而且能源也集中于此，并且会重新向城市外扩散。

城市是地球表层人口集中的地区，由城市居民和城市环境系统组成的，是有一定结构和功能的有机整体，因此，城市生态系统由城市居民或城市人群、城市环境系统构成，而城市环境系统由自然环境（生命、非生命）和社会环境（经济、政治、法律、文化教育）组成。

2.2.2　城市生态系统的特征

2.2.2.1　城市生态系统具有整体性

中国生态学家马世骏教授指出："城市生态系统是一个以人为中心的，自然界、经济与社会的复合人工生态系统。"这就是说，城市生态系统包括自然、经济与社会三个子系统，是一个以人为中心的复合生态系统。组成城市生态系统的各部分相互联系、相互制约，形成一个不可分割的有机整体。任何一个要素发生变化都会影响整个系统的平衡，导致系统的发展变化，以达到新的平衡。

2.2.2.2　城市生态系统高度人工化

城市生态系统是由大量建筑物等城市基础设施构成的人工环境，城市自然环境受到人工环境因素和人的活动的影响，使城市生态系统变得更加复杂和多样化。城市生态系统的生命系统主体是人，而不是各种植物、动物和微生物。次级生产者与消费者都是人，城市生态系统具有消费者比生产者更多的特色，作为生产者的绿色植物生存量远远小于以人类为主的消费者的生存量。

2.2.2.3　城市是一个新陈代谢系统

城市生态系统的物质、能量的流动过程是原材料、食物、人、资金、信息等被输入到城市中，满足城市消费需求。输入的物质参与城市内部循环，经过生产加工后，信息、资金、人向城市外输出，其中，一部分变成产品，另一部分以废弃物的方式流失到环境中，造成环境污染；或者以成品、半成品的形式滞留、积压在城市中，造成城市生态的不平衡，称为生态滞留现象。城市所有的输入、输出都利用传输和通信等手段。生物活动的基本过程是摄取营养物质，由此维持个体生命的生长，随之排出废弃物质形成能量流，这种生物代谢作用与城市活动极其类似。因此可以说，城市是不断新陈代谢循环的有机体。

2.2.2.4　城市生态系统具有开放性、依赖性

自然生态系统一般拥有独立性，但城市生态系统不是独立的。由于城市生态系统大大改变了自然生态系统的组成状况，城市生态系统内为美化、绿化城市生态环境而种植的花草树木，不能作为城市生态系统的营养物质为消费者使用。因此，维持城市生态系统持续发展，需要大量的物质和能量，必须依赖于其他生态系统生产的物质、能量、资金。例如，为了维持城市内众多人口的生存，必须从农业生态系统输入产品。同时，农村也要依靠城市生产的产品输入，维持农业生态系统。另外，城市生态系统所产生的各种废弃物，也不能靠城市生态系统的分解者有机体完全分解，而要靠人类通过各种环境保护措施来加以分解，所以城市生态系统是一个不完全的、开放的生态系统。

2.2.2.5　城市的能量流动

城市生态系统中能量流动具有明显特征。大部分能量是在非生物之间变换和流动，并且随着城市的发展，它的能量、物质供应地区越来越大，从城市邻近地区到整个国家，直到世界各地。

2.3　农村生态环境特征

农村生态环境是生态环境的重要组成部分，主要是指农村区域内的生态环境，是由部分自然生态环境、农业环境和村镇生态环境构成的。

农村生态环境的构成复杂，其系统内部组成要素和外部因子之间相互联系，相互影响，具有如下特点：第一，农村生态环境具有显著的农业特征，农村以农业为主体，形成自然与人工相结合的农业生产系统；第二，农村地域辽阔，人口居住分散，村镇分布、社会结构、经营形式等表现出多样性、自立性、灵活性等明显的社会属性；第三，农村生态环境受自然条件和经济条件的影响，存在明显的地域性和不平衡性。

2.4　生态可持续视角下的城乡规划

2.4.1　可持续发展的基本原理

可持续发展既是满足当代人的需要，又不牺牲后代人满足他们发展的需要。

2.4.1.1　可持续发展的原则

（1）公平性原则——同代人的公平、代与代之间的公平、公平分配有限资源。

（2）持续性原则——发展不能超越资源与环境承载能力。

（3）共同性原则——各国虽差异甚大，但持续发展为全球发展总目标，全球必须联合行动。

2.4.1.2　可持续发展的特征

经济持续发展——鼓励经济增长，但更应追求改善质量，提高效益，节约能源，清洁生产。

生态持续发展——这是持续发展的基础。

社会持续发展——改善提高生活质量，促进社会进步，消灭贫困，创造一个保障人们平等，拥有教育、人权，自由、免受暴力的社会。

这三者之间是相互关联，不可分割的。但生态持续发展是基础。

2.4.1.3　可持续发展的措施

摆脱贫困；生态环境恶化的主要原因之一是贫困（贫穷污染）。要摆脱"贫困—过度开发自然资源—生态恶化—自然灾害加剧—更加贫困"的恶性循环。

适度的人口：人类必须在地球承载能力的范围内生活。

维护地球资源：保证以持续发展方式使用再生资源，其利用率必须在再生和自然增长的限度以内，最大限度地减少对那些不可再生资源的损耗。

2.4.2　生态城乡建设的规划目标和内容

2.4.2.1　生态城乡建设的规划目标

生态可持续视角下的城乡规划是进行生态城市建设的纲领性文件，是引导城市发展的基本依据和手段。低碳生态视角下的城乡规划要以其高度的综合性、战略性和政策性，在优化城市资源要素配置、调整城市空间布局、协调各项事业建设、完善城市功能、建设优质人居环境、维护公共利益等方面发挥关键作用，由以往片面重视城市规模和增长速度的思维模式，转向对城市增长容量和生态承载力的重视，同时关注提升居民生活质量，不断改善人居环境，提高城市可持续发展水平。

我国的城市发展转型尚处于起步阶段，以绿色、低碳、生态为主要特征的城市规划定位尚未明确，理念与方法也缺乏统一的指导和认识。然而，经过近几年理论和实践的探索，已初步形成了以下共识：绿色、低碳、生态开始作为贯穿城乡规划全过程的一个复杂系统理念和原则，而非规划的一个子系统；规划的目标从侧重物质空间和资源环境的"绿色"转为更加注重培育生态文明来获得物质和精神空间的双重改善；生态文化的内涵更丰富，开始重新认识"以人为本"的发展理念，注重社会公平与和谐，是侧重资源、环境问题的传统生态规划的提升和完善。低碳生态视角下的城乡规划希望提升和完善传统城乡规划方法，将低碳生态的理念融入区域规划、城市总体规划和详细规划等规划编制的不同环节和层面。与传统的产业及人口规模主导下的城乡规划相比，低碳生态视角下城乡规划的创新和完善主要体现在指导思想、规划目标、规划内容、规划流程、控制形式及保障体系等方面，代表着更新、更合理的发展方向。未来，在生态文明理念的宏观指导下，城乡规划要以建设低碳生态城市为基本出发点，通过对传统空间规划设计方法和技术体系进行总结和提升，明确低碳生态理念植入城市规划的可行方法和途径，明确不同尺度低碳生态城市规划编制的目标、原则和方法，明确不同规划要素（理念、目标、内容、技术、政策）相应改变的内容和深度，从而实现低碳生态理念从理念到实践的转变，达到整体提高我国城乡规划设计技术水平的综合目标。

2.4.2.2　生态城乡建设的规划目标

在规划内容方面，多将生态安全格局作为规划本底，以生态环境承载力作为规划前提，以自然与城市环境的融合作为规划准则，内容涵盖生态环境、城市空间、综合交通、绿色建筑、能源利用、智慧信息、资源管理等多个领域。

基于规划理念的转变和规划目标的提升，各层次的城乡规划应该优化和完善以下几方面的内容：①在区域城镇体系规划层面，应当重视研究区域内的城市化战略和政策、人口、产业、城镇的集聚发展，综合交通体系以及区域生态格局等；②在城市总体规划层面，应当重视研究城市的性质与功能、规模与容量、空间与形态以及城市建设用地、基础设施和中远期发展预测与控制，尤其是通过生态运行模拟技术综合调配生态基础设施的配置；③在控制性详细规划层面，应当重视研究城区土地利用、建设容量控制、环境容量控制、建筑空间形态、市政基础设施控制以及城市规划指标落实（表2-1）。

传统控制性详细规划指标与常用生态指标的对比　　　　　　　　　表2-1

类型	传统控制性详细规划指标	常用生态指标
土地利用	用地性质 用地面积 容积率	混合地块开发比例 地下开发容积率
建筑	建筑密度 建筑控制高度 建筑红线后退距离 建筑形式、体量、色彩、风格要求	建筑贴线率 单位面积的建筑能耗 新建建筑中绿色建筑比例
绿地	绿地率	植林地比例 下凹式绿地率 屋顶绿化比例
交通	交通出入口方位 停车泊位及其他需要配置的公共设施	公交站点500m半径覆盖率
其他	人口容量	微风通道 雨水利用占总用水量比例 建成区道路广场透水性地面比例 可再生能源/清洁能源需求比重 生活垃圾资源化利用率

资料来源：《生态城市指标体系构建与生态城市示范评价2012～2013年案例报告》。

2.4.3　规划技术的创新

绿色生态关键技术近年来有了较大的进展，很多原来停留在概念层面的技术越来越多地应用到规划和实施中。生态城市作为多元要素耦合的复杂巨系统，基于生态学理论和低碳方法的可持续生态规划技术是保障低碳生态城市全面进入实践阶段的有力支撑。目前，各种低碳生态规划技术正呈现出由单一功能向集成综合发展的过渡趋势，一般包括但不限于：紧凑混合的土地利用、绿色低碳的产业系统、安全便捷的交通系统、低耗清洁的能源系统、循环节能的水系统、减量再生的固废系统、和谐宜人的生态系统、综合集成的绿色建筑系统、智慧高效的信息系统等。

　　各项低碳生态规划技术通过城乡规划特有的空间资源配置技术，可以使城市空间的开发利用更加符合城市生态系统可持续发展的一般原理和规律。其中应用推广较为广泛的技术有被动式设计、微循环系统、低冲击开发模式、微降解与源分离、生态修复技术、环境模拟评估、碳汇分析等（表2-2），但这些技术在全国范围内市场化、规模化的应用与推广还尚待时日。

低碳理念下城乡规划技术体系的完善　　　　　　　　　　　　　　　　表2-2

规划阶段	生态技术	解决问题
前期研究	生态诊断	利用实测和模拟等科学手段对城市的发展定位、生态本底、建设需求进行初步策划
	生态安全格局	通过构建城市宏观生态安全格局，判断城市斑块、廊道、基质等生态元素的景观结构和功能关系，指导其所构成的空间格局设计，建立生态基础设施
	生态承载力分析	分析城市生态系统中的资源与环境的最大供容能力，为人口规模、城市开发强度提供生态本底依据
	土地生态敏感性分析	通过GIS空间统计分析方法综合分析土地建设的适宜程度，指导用地功能空间布局的合理性，为规划设计和决策提供科学支持和依据
	生态功能区划	依据城市生态环境特点、城市开发程度的强弱和生力布局，划分生态功能区，保护生态脆弱性区域和发挥城市生态服务功能价值
总体规划	通风分析	通过宏观通风模拟，指导城市开放空间设计，预留区域通风廊道，缓解城市热岛效应
	绿地碳汇分析	指导城市绿地空间的具体设计和实施，提升城市的整体生态功能
	能源利用	基于当地气候、产业特点，提出能源方式、结构及比例，能源管理的方式，可再生能源利用率等指标，指导总规，以此为依据做好燃气、供热、电力的规划及布局
	低冲击开发模式	指导规划设计的整体布局和开发建设模式，采取措施减少对自然生态环境产生的冲击和破坏，达到人与自然的和谐
详细规划	通风分析	模拟区域通风，引导街区布局和建筑形态设计，更利于自然通风，创造宜居环境
	绿地碳汇分析	指导绿地植物的生态配置，建设自然的生态游憩空间和稳定的绿地基础
	噪声分析	合理引导城市的建筑形态和空间布局，降低噪声影响
	能耗定额	通过能源各项指标定义，指导详规中地块的燃气、电力等能源网络布置及容量确定，指引确定地块的开发强度和开发方式，做到资源与环境的和谐共存
	综合地表径流系数分析	指导生态雨水渗透系统在区域的布局及在不同用地功能地块的配比，以不影响原有自然环境的地表径流量

第3章

水环境治理与保护规划

3.1 水环境与水污染

3.1.1 水环境

3.1.1.1 水环境的概念

水环境通常指与人类一切活动相关的天然和人工水体，是自然界中水的形成、分布和转化所处的空间，由水相、悬浮相、低质相以及水生生物相等形成的一个生态系统，是与水体密切相关的各种自然和社会因素的综合体，是环境的基本构成要素之一，也是社会经济系统存在和发展的基本条件，一方面能够为区域社会经济提供所需要的水资源，另一方面又能够承受其所产生的污染物质。

3.1.1.2 全球水环境特征

地球表面的72%被水覆盖，但是淡水资源仅占所有水资源的0.75%，有近70%的淡水以冰层形式固定分布在两级地区，液体形式的淡水水体，绝大部分是土壤水分和深层地下水。陆地上的淡水资源储量只占地球上水体总量的2.53%，可开采利用的水资源主要是河流水、淡水湖泊水以及浅层地下水，储量约占全球淡水总储量的0.3%，只占全球总储水量的十万分之七。全世界真正有效利用的淡水资源每年约有9000亿m^3。

全球淡水资源不仅短缺而且地区分布极不平衡。从各大洲水资源的分布来看，年径流量亚洲最多，其次为南美洲、北美洲、非洲、欧洲、大洋洲。从人均径流量的角度看，全世界河流径流总量按人平均，每人约合10000m^3。在各大洲中，大洋洲人均径流量最多，其次为南美洲、北美洲、非洲、欧洲、亚洲。按地区分布，巴西、俄罗斯、加拿大、中国、美国、印度尼西亚、印度、哥伦比亚和刚果9个国家的淡水资源占了世界淡水资源的60%。约占世界人口总数40%的80个国家和地区约16亿人口淡水不足，其中26个国家约3亿人极度缺水。

管理不善、资源匮乏、环境变化及基础设施投入不足使得全球约有1/5的人无法获得安全的饮用水，2/5的人缺乏基本饮用水卫生设施。水质差导致生活贫困和卫生状况不佳，每年约160万人的生命原本都是可以通过提供安全的饮用水和卫生设施来挽救。全球淡水物种和生态系统的多样性正在迅速衰退，其退化速度快于陆地和海洋生态系统。生命赖以生存的水循环需要健康的开发与运行环境。许多自然灾害都是土地使用不当造成的恶果，日益严重的东非旱灾就是一个沉痛的实例，当地人大量砍伐森林用来生产木炭和燃料，使得水土流失，湖泊消失，由于周围过度开发，乍得湖面积缩小了近90%，而水资源的萎缩会引发各类恶劣自然反应。农业用水供需矛盾更加紧张：到2030年，全球粮食需求将提高55%，这意味着需要更多的灌溉用水，而这部分用水已经占到全球人类淡水消耗的近70%。水资源浪费严重，世界许多地方因管道和渠沟泄漏及非法连接，有多达30%～40%甚至更多的水被白白浪费掉。

3.1.1.3 中国水环境特征

中国水资源的总储量平均每年约28000亿m^3，居世界第6位，但人均水资源拥有量仅为2710m^3/年，不足世界人均水资源的1/4，位列世界第88位。水资源时空分布不均，南多北少，东多西少，北部降水大部分集中在6～9月，此期间降水量占全年降水量的70%～80%。中国水资源地理分布很不均匀，经济发达、人口稠密的东南地区耕地面积占全国35.9%，人口数占全国54.7%，水资源总量占全国总量的81%；西北地区水资源总量只占全国总量的14.4%，却承担全国58.3%的耕地面积。自然条件的局限与人类长期缺乏环境保护意识，使中国森林覆盖率仅为12%，居世界第120位。中国水土流失面积约150万km^2，约占国土面积的1/6。随之而来的是河流含沙量增大，水质下降，水资源使用成本上升；北方地区干旱缺水，因此对地表水的开发利用非常充分，比如黄河流域为39%、辽河流域为68%；南方虽然水资源丰富，但水利用率较低，如长江只有16%、珠江15%、浙闽地区河流不足4%；拥有四条大河的西南地区甚至不到1%。地下水的开发利用北方也远高于南方，仅海河平原浅层地下水利用率已达83%。

城市严重缺水制约了经济的发展，影响了人民的正常生活。全国缺水城市450多座，缺水总量2000万m^3/d，预计2030年将有550座城市缺水，总缺水量将达4000万m^3/d。

中国主要水系长江、黄河、松花江、珠江、辽河、海河、淮河和太湖、巢湖及滇池的断面监测结果表明，36.9%的河段达到或优于地面水环境质量Ⅲ级标准，其中Ⅰ类水质占8.5%，Ⅱ类水质占21.7%，Ⅲ类水质占6.7%；63.1%河段的水质为Ⅳ、Ⅴ或劣Ⅴ类，失去了作为饮用水源的功能，其中Ⅳ类水质河段占18.3%，Ⅴ类水质占7.1%，劣Ⅴ类水质占37.7%。其中长江、珠江水质较好，监测河段中70%以上达到或优于地面水环境质量Ⅲ级标准；黄河、淮河、海河有28%~29%达到或优于地面水Ⅲ级标准；松花江、辽河污染严重，分别只有4%和11.3%达到或优于地面水Ⅲ级标准。

中国一些湖泊的污染比河流更加严重，如滇池、巢湖都严重富营养化，全湖水质为Ⅴ~劣Ⅴ类；太湖中等富营养化，湖水为Ⅳ~劣Ⅴ类。我国海域每年监测到赤潮20多起，对近海生态系统和水产资源造成严重的破坏。

中国污水处理设施落后、污水处理率低，是造成我国水环境污染的主要原因之一。城市供水设施的建设要比排水设施先进得多，城市供水设施服务人口的普及率达到了94.5%，且城市污水处理率仅13.1%，且城市污水的日处理能力的增加幅度远低于城市日供水能力增长的幅度，城市水环境恶化的状况将难以缓解或好转。由于目前仅有部分城市征收"排水设施有偿使用费"或"污水处理费"，而且收费额低于污水处理成本，城市污水处理厂所需费用主要靠政府财政支持，由于资金不足，使一些已建成的污水处理厂难以维持正常运行。

此外，中国的非点源污染也相当严重，主要有农田径流，许多农田施用大量的化肥、农药（包括有机磷、有机氯农药），其中有些是高毒性、难降解、高残留的农药，在食物链中有富集作用，对水环境的污染和对人体的危害较大。

3.1.2　水污染

水污染是水体因某种物质的介入而导致其物理、化学、生物或放射性等方面特性的改变，从而影响水的有效利用，危害人体健康或破坏生态环境，产生水质恶化。造成水体污染的污染物有很多种，主要有以下几类：

3.1.2.1 悬浮物

悬浮物主要指悬浮在水中的污染物，包括泥沙、铁屑、炉灰、昆虫、植物、纸片、菜叶、化工、建筑垃圾和人类日常生活污水中含有的污染物。严重影响水体自身的透明度、浊度，影响植物的光合作用，水中大量悬浮垃圾长期浮在水中会吸附有机毒物、农药，形成复合污染物沉入水底，长期积累给水上交通造成危害。水中悬浮物主要来自采矿、建筑、农田水土流失、工厂排放废水和生活污水等，它不仅淤塞河道，妨碍航运，洪水季节造成泛滥，而且影响水源利用。悬浮物质一方面能够截断光线，减少水生植物的光合作用，并能伤害鱼鳃，浓度大时可使鱼类死亡；另一方面由于悬浮物颗粒细且呈胶体状，往往可携带大量有毒物质随水流飘移，从而扩大污染范围。

3.1.2.2 有机物

生活污水及工业废水中的有机物质都是以悬浮状态或溶解状态存在于水中，在微生物作用下分解成无机物，在分解过程中消耗氧气，使水中氧气减少、微生物繁殖，严重时影响鱼类和水中生物的生存。当水中溶解氧为零时，厌氧生物占优势，使水体变黑且发臭。水体有机物种类很多，综合指标一般为五日生化需氧量、化学耗氧量、高锰酸盐指数等，比较清洁的水五日生化需氧量不大于3mg/L，化学耗氧量不大于15mg/L，高锰酸盐指数不大于4mg/L。

有些有机物质本身就是有毒的，如酚、醛、硝基化合物等。有些有机物质其本身虽然没有毒性，如蛋白质、脂肪、木质素等，但在厌氧条件下分解时能产生有毒物质如甲烷、氨和硫化氢等。有机物质对水体的不良影响还表现在其他许多方面。大量有机物质覆盖河湖底部，可以使水底生物发生窒息；有机物质在氧化分解过程中，大量消耗水中的溶解氧，造成水体缺氧，导致大多数水生生物无法继续生存；有机物质分解所释放出的养分，可以引起湖泊中的植物营养物质过多，这叫作富营养化，其结果是藻类、水草等大量生长，影响湖泊的正常状况，最后导致湖泊的淤塞；有些有机物质能形成泡沫、浮垢并引起水体浑浊、恶臭等，这些情况都将损害水体的利用价值。

3.1.2.3 化肥和农药

随着农业生产、卫生保健以及人们生活的需求日益增加，化肥和农药的使用范围及用量逐年增加。当然，化肥与农药在防治病虫害和确保丰收及预防传染病等方面起了积极作用，但是由于化肥和农药的长期大量施用，经过雨水的淋洗汇集，对水体产生了一些不良后果，已引起人们的重视。水体中的磷肥和氮肥过多，可以造成富营养化。目前我国使用的农药主要是有机氯农药和有机磷农药。前者主要有滴滴涕（DDT）、六六六等，其化学性质比较稳定，不易分解消失，可以长时间残留于土壤中，常被作物吸收到体内，并不断进行累积。这些含有有机氯的作物被生物食用后，又会在生物体内产生累积过程，经过食物链的逐级累积浓缩，人类食用后，可对人体构成危害。有机磷农药种类繁多，根据毒性大小可分为三类：剧毒类，如对硫磷（1605）、内吸磷（1059）等；中毒类，如敌敌畏等；低毒类，如乐果、敌百虫等。有机磷农药对人畜的毒性比较大，主要是抑制机体内的胆碱酯酶的活性，影响神经系统。含铅、砷、汞等重金属的农药，其所含元素本身，对人畜有毒，大量使用危害极大，它们在土壤内的半衰期达

10～30年，残留时间最长。

3.1.2.4　油类物质

油类物质引起的油污染是水质污染的一个重要方面，越来越引起人们的普遍重视。污染水体的油主要来自油船、输油管和海上油井事故、船只的压舱水、洗舱水和船底废水，以及炼油厂、船厂等排放的工业废水。据估计，每年进入海洋的石油就有几百万吨。通常1kg石油完全氧化需要消耗40万L海水中的溶解氧。油类物质进入水体环境后，不仅恶化水质，影响水资源的利用，而且危害鱼类、海鸟和其他水生生物，同时油在水面形成油膜，影响水的通气性和水生植物的光合作用，严重时甚至可以引起火灾。

3.1.2.5　热流出物

热流出是指工业企业排出的用于冷却的废水，主要来自发电站、钢铁厂、焦化厂等，使水温上升，造成热污染。水温过高有以下三个方面的不良影响：一是由于水温增高，水中溶解氧减少，同时促使水中有机物加快分解，增加氧的消耗；二是妨碍鱼类生存和繁殖，鱼在热水中呼吸急促，食欲减退，消化不良，容易发生死亡；三是加大水中某些毒物的毒性，如当水温升高10℃，氰化钾对鱼可产生双倍的毒性。

3.1.2.6　重金属

工业和矿山的废水中常含有某些重金属物质，如汞、铅、铜、锌、铬、镉等等。这些金属物质进入水中达到一定数量时就产生危害。某些金属离子浓度不大时，例如铜1～3mg/L、铅0.3mg/L、锌0.2～0.7mg/L，就能对水生生物产生不良影响，或使水生生物死亡，或使有毒物质聚积在生物体内。人如果长期饮用含有这些毒物的水，或吃了含有毒物的鱼类、贝类，就会对身体健康有不良影响，甚至会危害生命。如铜、铅、锌、镉、六价铬等都是工业废水排放到水中的污染物，它们被生物吸收后，最终进入人体，造成人体慢性中毒，严重时可导致死亡。

3.2　水环境治理国家战略

水环境保护事关人民群众切身利益，事关全面建成小康社会，事关实现中华民族伟大复兴中国梦。当前，我国一些地区水环境质量差、水生态受损重、环境隐患多等问题十分突出，影响和损害群众健康，不利于经济社会持续发展。

3.2.1　水环境治理的总体要求

大力推进生态文明建设，以改善水环境质量为核心，按照"节水优先、空间均衡、系统治理、两手发力"原则，贯彻"安全、清洁、健康"方针，强化源头控制，水陆统筹、河海兼顾，对江河湖海实施分流域、分区域、分阶段科学治理，系统推进水污染防治、水生态保护和水资源管理。坚持政府市场协同，注重改革创新；坚持全面依法推进，实行最严格环保制度；坚持落实各方责任，严格考核问责；坚持全民参与，推动节水、洁水，人人有责，形成"政府统领、企业施治、市场驱动、公众参与"的水污染防治新机制，实现环境效益、经济效益与社会效益多赢，为建设"蓝天常在、青山常在、绿水常在"的美丽中国而奋斗。

3.2.2　水环境治理的目标

全国水环境质量得到阶段性改善，污染严重水体较大幅度减少，饮用水安全保障水平持续提升，地下水超采得到严格控制，地下水污染加剧趋势得到初步遏制，近岸海域环境质量稳中趋好，京津冀、长三角、珠三角等区域水生态环境状况有所好转。到2030年，力争全国水环境质量总体改善，水生态系统功能初步恢复。到21世纪中叶，生态环境质量全面改善，生态系统实现良性循环。

长江、黄河、珠江、松花江、淮河、海河、辽河等七大重点流域水质优良（达到或优于Ⅲ类）比例总体达到70%以上，地级及以上城市建成区黑臭水体均控制在10%以内，地级及以上城市集中式饮用水水源水质达到或优于Ⅲ类比例总体高于93%，全国地下水质量极差的比例控制在15%左右，近岸海域水质优良（Ⅰ、Ⅱ类）比例达到70%左右。京津冀区域丧失使用功能（劣于Ⅴ类）的水体断面比例下降15个百分点左右，长三角、珠三角区域力争消除丧失使用功能的水体。

到2030年，全国七大重点流域水质优良比例总体达到75%以上，城市建成区黑臭水体总体得到消除，城市集中式饮用水水源水质达到或优于Ⅲ类比例总体为95%左右。

3.2.3　水环境治理的内容

3.2.3.1　全面控制污染物排放

（1）狠抓工业污染防治。取缔"十小"企业。全面排查装备水平低、环保设施差的小型工业企业。全部取缔不符合国家产业政策的小型造纸、制革、印染、染料、炼焦、炼硫、炼砷、炼油、电镀、农药等严重污染水环境的生产项目。

（2）专项整治十大重点行业。制定造纸、焦化、氮肥、有色金属、印染、农副食品加工、原料药制造、制革、农药、电镀等行业专项治理方案，实施清洁化改造。新建、改建、扩建上述行业建设项目实行主要污染物排放等量或减量置换。2017年底前，造纸行业力争完成纸浆无元素氯漂白改造或采取其他低污染制浆技术，钢铁企业焦炉完成干熄焦技术改造，氮肥行业尿素生产完成工艺冷凝液水解解析技术改造，印染行业实施低排水染整工艺改造，制药（抗生素、维生素）行业实施绿色酶法生产技术改造，制革行业实施铬减量化和封闭循环利用技术改造。

（3）集中治理工业集聚区水污染。强化经济技术开发区、高新技术产业开发区、出口加工区等工业集聚区污染治理。集聚区内工业废水必须经预处理达到集中处理要求，方可进入污水集中处理设施。新建、升级工业集聚区应同步规划、建设污水与垃圾集中处理等污染治理设施。工业集聚区应按规定建成污水集中处理设施，并安装自动在线监控装置，京津冀、长三角、珠三角等区域提前一年完成；逾期未完成的，一律暂停审批和核准其增加水污染物排放的建设项目，并依照有关规定撤销其园区资格。

（4）强化城镇生活污染治理。加快城镇污水处理设施建设与改造。现有城镇污水处理设施，要因地制宜进行改造，达到相应排放标准或再生利用要求。敏感区域（重点湖泊、重点水库、近岸海域汇水区域）城镇污水处理设施应全面达到一级A排放标准。建成区水体水质达不到地表水Ⅳ类标准的城市，新建城镇污水处理设施要执行一级A排放标准。全国所有县城和重点镇具备污水收集处理能力，县城、城市污水处理率分别达到85%、95%左右。

（5）全面加强配套管网建设。强化城中村、老旧城区和城乡接合部污水截流、收集。现有合流制排水系统应加快实施雨污分流改造，难以改造的，应采取截流、调蓄和治理等措施。新建污水处理设施的配套管网应同步设计、同步建设、同步投运。除干旱地区外，城镇新区建设均实行雨污分流，有条件的地区要推进初期雨水收集、处理和资源化利用。直辖市、省会城市、计划单列市建成区污水基本实现全收集、全处理，其他地级城市建成区于2020年底前基本实现。

推进污泥处理处置。污水处理设施产生的污泥应进行稳定化、无害化和资源化处理处置，禁止处理处置不达标的污泥进入耕地。非法污泥堆放点一律予以取缔。现有污泥处理处置设施应于2017年底前基本完成达标改造，地级及以上城市污泥无害化处理处置率应于2020年底前达到90%以上。

（6）推进农业农村污染防治。防治畜禽养殖污染。科学划定畜禽养殖禁养区，关闭或搬迁禁养区内的畜禽养殖场（小区）和养殖专业户，京津冀、长三角、珠三角等区域提前一年完成。现有规模化畜禽养殖场（小区）要根据污染防治需要，配套建设粪便污水贮存、处理、利用设施。散养密集区要实行畜禽粪便污水分户收集、集中处理利用。自2016年起，新建、改建、扩建规模化畜禽养殖场（小区）要实施雨污分流、粪便污水资源化利用。

（7）控制农业面源污染。制定实施全国农业面源污染综合防治方案。推广低毒、低残留农药使用补助试点经验，开展农作物病虫害绿色防控和统防统治。实行测土配方施肥，推广精准施肥技术和机具。完善高标准农田建设、土地开发整理等标准规范，明确环保要求，新建高标准农田要达到相关环保要求。敏感区域和大中型灌区，要利用现有沟、塘、窖等，配置水生植物群落、格栅和透水坝，建设生态沟渠、污水净化塘、地表径流集蓄池等设施，净化农田排水及地表径流。测土配方施肥技术推广覆盖率达到90%以上，化肥利用率提高到40%以上，农作物病虫害统防统治覆盖率达到40%以上；京津冀、长三角、珠三角等区域提前一年完成。

（8）调整种植业结构与布局。在缺水地区试行退地减水。地下水易受污染地区要优先种植需肥需药量低、环境效益突出的农作物。地表水过度开发和地下水超采问题较严重，且农业用水比重较大的甘肃、新疆（含新疆生产建设兵团）、河北、山东、河南等五省（区），要适当减少用水量较大的农作物种植面积，改种耐旱作物和经济林。

（9）加快农村环境综合整治。以县级行政区域为单元，实行农村污水处理统一规划、统一建设、统一管理，有条件的地区积极推进城镇污水处理设施和服务向农村延伸。深化"以奖促治"政策，实施农村清洁工程，开展河道清淤疏浚，推进农村环境连片整治。到2020年，新增完成环境综合整治的建制村13万个。

（10）加强船舶港口污染控制。积极治理船舶污染。依法强制报废超过使用年限的船舶。分类分级修订船舶及其设施、设备的相关环保标准。2018年起投入使用的沿海船舶、2021年起投入使用的内河船舶执行新的标准；其他船舶于2020年底前完成改造，经改造仍不能达到要求的，限期予以淘汰。航行于我国水域的国际航线船舶，要实施压载水交换或安装压载水灭活处理系统。规范拆船行为，禁止冲滩拆解。

增强港口码头污染防治能力。编制实施全国港口、码头、装卸站污染防治方案。加快垃圾接收、转运及处理处置设施建设，提高含油污水、化学品洗舱水等接收处置能力及污染事故应急能力。位于沿海和内河的港口、码头、装卸站及船舶修造厂，分别于2017年底前和2020年底前达到建设要求。港口、码头、装卸站的经营人应制定防治船舶及其有关活动污染水环境的应急计划（交通运输部牵头，工业和信息化部、住房和城乡建设部、农业部等参与）。

3.2.3.2 推动经济结构转型升级

（1）调整产业结构。依法淘汰落后产能。自2015年起，各地要依据部分工业行业淘汰落后生产工艺装备和产品指导目录、产业结构调整指导目录及相关行业污染物排放标准，结合水质改善要求及产业发展情况，制定并实施分年度的落后产能淘汰方案，报工业和信息化部、环境保护部备案。未完成淘汰任务的地区，暂停审批和核准其相关行业新建项目。

（2）严格环境准入。根据流域水质目标和主体功能区规划要求，明确区域环境准入条件，细化功能分区，实施差别化环境准入政策。建立水资源、水环境承载能力监测评价体系，实行承载能力监测预警，已超过承载能力的地区要实施水污染物削减方案，加快调整发展规划和产业结构。到2020年，组织完成市、县域水资源、水环境承载能力现状评价。

（3）优化空间布局。合理确定发展布局、结构和规模。充分考虑水资源、水环境承载能力，以水定城、以水定地、以水定人、以水定产。重大项目原则上布局在优化开发区和重点开发区，并符合城乡规划和土地利用总体规划。鼓励发展节水高效现代农业、低耗水高新技术产业以及生态保护型旅游业，严格控制缺水地区、水污染严重地区和敏感区域高耗水、高污染行业发展，新建、改建、扩建重点行业建设项目实行主要污染物排放减量置换。七大重点流域干流沿岸，要严格控制石油加工、化学原料和化学制品制造、医药制造、化学纤维制造、有色金属冶炼、纺织印染等项目环境风险，合理布局生产装置及危险化学品仓储等设施。

（4）推动污染企业退出。城市建成区内现有钢铁、有色金属、造纸、印染、原料药制造、化工等污染较重的企业应有序搬迁改造或依法关闭。

（5）积极保护生态空间。严格城市规划蓝线管理，城市规划区范围内应保留一定比例的水域面积。新建项目一律不得违规占用水域。严格水域岸线用途管制，土地开发利用应按照有关法律法规和技术标准要求，留足河道、湖泊和滨海地带的管理和保护范围，非法挤占的应限期退出。

（6）推进循环发展。加强工业水循环利用。推进矿井水综合利用，煤炭矿区的补充用水、周边地区生产和生态用水应优先使用矿井水，加强洗煤废水循环利用。鼓励钢铁、纺织印染、造纸、石油石化、化工、制革等高耗水企业废水深度处理回用。

（7）促进再生水利用。以缺水及水污染严重地区城市为重点，完善再生水利用设施，工业生产、城市绿化、道路清扫、车辆冲洗、建筑施工以及生态景观等用水，要优先使用再生水。推进高速公路服务区污水处理和利用。具备使用再生水条件但未充分利用的钢铁、火电、化工、制浆造纸、印染等项目，不得批准其新增取水许可。自2018年起，单体建筑面积超过2万 m^2 的新建公共建筑，北京市2万 m^2、天津市5万 m^2、河北省10万 m^2 以上集中新建的保障性住房，应安装建筑中水设施。积极推动其他新建住房安装建筑中水设施。到2020年，缺水城市再生水利用率达到20%以上，京津冀区域达到30%以上。

（8）推动海水利用。在沿海地区电力、化工、石化等行业，推行直接利用海水作为循环冷却等工业用水。在有条件的城市，加快推进淡化海水作为生活用水补充水源。

3.2.3.3　着力节约保护水资源

（1）控制用水总量。实施最严格水资源管理。健全取用水总量控制指标体系。加强相关规划和项目建设布局水资源论证工作，国民经济和社会发展规划以及城市总体规划的编制、重大建设项目的布局，应充分考虑当地水资源条件和防洪要求。对取用水总量已达到或超过控制指标的地区，暂停审批其建设项目新增取水许可。对纳入取水许可管理的单位和其他用水大户实行计划用水管理。新建、改建、扩建项目用水要达到行业先进水平，节水设施应与主体工程同时设计、同时施工、同时投运。建立重点监控用水单位名录。到2020年，全国用水总量控制在6700亿 m^3 以内。

严控地下水超采。在地面沉降、地裂缝、岩溶塌陷等地质灾害易发区开发利用地下水，应进行地质灾害危险性评估。严格控制开采深层承压水，地热水、矿泉水开发应严格实行取水许可和采矿许可。依法规范机井建设管理，排查登记已建机井，未经批准的和公共供水管网覆盖范围内的自备水井，一律予以关闭。编制地面沉降区、海水入侵区等区域地下水压采方案。开展华北地下水超采区综合治理，超采区内禁止工农业生产及服务业新增取用地下水。京津冀区域实施土地整治、农业开发、扶贫等农业基础设施项目，不得以配套打井为条件。2017年底前，完成地下水禁采区、限采区和地面沉降控制区范围划定工作，京津冀、长三角、珠三角等区域提前一年完成。

（2）提高用水效率。建立万元国内生产总值水耗指标等用水效率评估体系，把节水目标任务完成情况纳入地方政府政绩考核。将再生水、雨水和微咸水等非常规水源纳入水资源统一配置。到2020年，全国万元国内生产总值用水量、万元工业增加值用水量比2013年分别下降35%、30%以上。

抓好工业节水。制定国家鼓励和淘汰的用水技术、工艺、产品和设备目录，完善高耗水行业取用水定额标准。开展节水诊断、水平衡测试、用水效率评估，严格用水定额管理。到2020年，电力、钢铁、纺织、造纸、石油石化、化工、食品发酵等高耗水行业达到先进定额标准。

加强城镇节水。禁止生产、销售不符合节水标准的产品、设备。公共建筑必须采用节水器具，限期淘汰公共建筑中不符合节水标准的水嘴、便器水箱等生活用水器具。鼓励居民家庭选用节水器具。对使用超过50年和材质落后的供水管网进行更新改造，到2017年，全国公共供水管网漏损率控制在12%以内；到2020年，控制在10%以内。积极推行低影响开发建设模式，建设滞、渗、蓄、用、排相结合的雨水收集利用设施。新建城区硬化地面，可渗透面积要达到40%以上。到2020年，地级及以上缺水城市全部达到国家节水型城市标准要求，京津冀、长三角、珠三角等区域提前一年完成。

发展农业节水。推广渠道防渗、管道输水、喷灌、微灌等节水灌溉技术，完善灌溉用水计量设施。在东北、西北、黄淮海等区域，推进规模化高效节水灌溉，推广农作物节水抗旱技术。到2020年，大型灌区、重点中型灌区续建配套和节水改造任务基本完成，全国节水灌溉工程面积达到7亿亩左右，农田灌溉水有效利用系数达到0.55以上。

（3）科学保护水资源。完善水资源保护考核评价体系。加强水功能区监督管理，从严核定水域纳污能力。

加强江河湖库水量调度管理。完善水量调度方案。采取闸坝联合调度、生态补水等措施，合理安排闸坝下泄水量和泄流时段，维持河湖基本生态用水需求，重点保障枯水期生态基流。加大水利工程建设力度，发挥好控制性水利工程在改善水质中的作用。

科学确定生态流量。在黄河、淮河等流域进行试点，分期分批确定生态流量（水位），作为流域水量调度的重要参考。

3.2.3.4 强化科技支撑

（1）推广示范适用技术。加快技术成果推广应用，重点推广饮用水净化、节水、水污染治理及循环利用、城市雨水收集利用、再生水安全回用、水生态修复、畜禽养殖污染防治等适用技术。完善环境技术评价体系，加强国家环保科技成果共享平台建设，推动技术成果共享与转化。发挥企业的技术创新主体作用，推动水处理重点企业与科研院所、高等学校组建产学研技术创新战略联盟，示范推广控源减排和清洁生产先进技术。

（2）攻关研发前瞻技术。整合科技资源，通过相关国家科技计划（专项、基金）等，加快研发重点行业废水深度处理、生活污水低成本高标准处理、海水淡化和工业高盐废水脱盐、饮用水微量有毒污染物处理、地下水污染修复、危险化学品事故和水上溢油应急处置等技术。开展有机物和重金属等水环境基准、水污染对人体健康影响、新型污染物风险评价、水环境损害评估、高品质再生水补充饮用水水源等研究。加强水生态保护、农业面源污染防治、水环境监控预警、水处理工艺技术装备等领域的国际交流合作。

（3）大力发展环保产业。规范环保产业市场。对涉及环保市场准入、经营行为规范的法规、规章和规定进行全面梳理，废止妨碍形成全国统一环保市场和公平竞争的规定和做法。健全环保工程设计、建设、运营等领域招投标管理办法和技术标准。推进先进适用的节水、治污、修复技术和装备产业化发展。

（4）加快发展环保服务业。明确监管部门、排污企业和环保服务公司的责任和义务，完善风险分担、履约保障等机制。鼓励发展包括系统设计、设备成套、工程施工、调试运行、维护管理的环保服务总承包模式、政府和社会资本合作模式等。以污水、垃圾处理和工业园区为重点，推行环境污染第三方治理。

3.2.3.5　充分发挥市场机制作用

（1）理顺价格税费。加快水价改革。县级及以上城市应于2015年底前全面实行居民阶梯水价制度，具备条件的建制镇也要积极推进。2020年底前，全面实行非居民用水超定额、超计划累进加价制度。深入推进农业水价综合改革。

完善收费政策。修订城镇污水处理费、排污费、水资源费征收管理办法，合理提高征收标准，做到应收尽收。城镇污水处理收费标准不应低于污水处理和污泥处理处置成本。地下水资源费征收标准应高于地表水，超采地区地下水资源费征收标准应高于非超采地区。

健全税收政策。依法落实环境保护、节能节水、资源综合利用等方面税收优惠政策。对国内企业为生产国家支持发展的大型环保设备，必须进口的关键零部件及原材料，免征关税。加快推进环境保护税立法、资源税税费改革等工作。研究将部分高耗能、高污染产品纳入消费税征收范围。

（2）促进多元融资。引导社会资本投入。积极推动设立融资担保基金，推进环保设备融资租赁业务发展。推广股权、项目收益权、特许经营权、排污权等质押融资担保。采取环境绩效合同服务、授予开发经营权益等方式，鼓励社会资本加大水环境保护投入。

增加政府资金投入。中央财政加大对属于中央事权的水环境保护项目支持力度，合理承担部分属于中央和地方共同事权的水环境保护项目，向欠发达地区和重点地区倾斜；研究采取专项转移支付等方式，实施"以奖代补"。地方各级人民政府要重点支持污水处理、污泥处理处置、河道整治、饮用水水源保护、畜禽养殖污染防治、水生态修复、应急清污等项目和工作。对环境监管能力建设及运行费用分级予以必要保障。

（3）建立激励机制。健全节水环保"领跑者"制度。鼓励节能减排先进企业、工业集聚区用水效率、排污强度等达到更高标准，支持开展清洁生产、节约用水和污染治理等示范。

推行绿色信贷。积极发挥政策性银行等金融机构在水环境保护中的作用，重点支持循环经济、污水处理、水资源节约、水生态环境保护、清洁及可再生能源利用等领域。严格限制环境违法企业贷款。加强环境信用体系建设，构建守信激励与失信惩戒机制，环保、银行、证券、保险等方面要加强协作联动，于2017年底前分级建立企业环境信用评价体系。鼓励涉重金属、石油化工、危险化学品运输等高环境风险行业投保环境污染责任保险。

实施跨界水环境补偿。探索采取横向资金补助、对口援助、产业转移等方式，建立跨界水环境补偿机制，开展补偿试点。深化排污权有偿使用和交易试点。

3.2.3.6　严格环境执法监管

（1）完善法规标准。健全法律法规。加快水污染防治、海洋环境保护、排污许可、化学品环境管理等法律法规制修订步伐，研究制定环境质量目标管理、环境功能区划、节水及循环利用、饮用水水源保护、污染责任保险、水功能区监督管理、地下水管理、环境监测、生态流量保障、船舶和陆源污染防治等法律法规。各地可结合实际，研究起草地方性水污染防治法规。

完善标准体系。制修订地下水、地表水和海洋等环境质量标准，城镇污水处理、污泥处理处置、农田退水等污染物排放标准。健全重点行业水污染物特别排放限值、污染防治技术政策和清洁生产评价指标体系。各地可制定严于国家标准的地方水污染物排放标准。

（2）加大执法力度。所有排污单位必须依法实现全面达标排放。逐一排查工业企业排污情况，达标企业应采取措施确保稳定达标；对超标和超总量的企业予以"黄牌"警示，一律限制生产或停产整治；对整治仍不能达到要求且情节严重的企业予以"红牌"处罚，一律停业、关闭。自2016年起，定期公布环保"黄牌"、"红牌"企业名单。定期抽查排污单位达标排放情况，结果向社会公布。

完善国家督查、省级巡查、地市检查的环境监督执法机制，强化环保、公安、监察等部门和单位协作，健全行政执法与刑事司法衔接配合机制，完善案件移送、受理、立案、通报等规定。加强对地方人民政府和有关部门环保工作的监督，研究建立国家环境监察专员制度。

严厉打击环境违法行为。重点打击私设暗管或利用渗井、渗坑、溶洞排放、倾倒含有毒有害污染物废水、含病原体污水，监测数据弄虚作假，不正常使用水污染物处理设施，或者未经批准拆除、闲置水污染物处理设施等环境违法行为。对造成生态损害的责任者严格落实赔偿制度。严肃查处建设项目环境影响评价领域越权审批、未批先建、边批边建、久试不验等违法违规行为。对构成犯罪的，要依法追究刑事责任。

（3）提升监管水平。完善流域协作机制。健全跨部门、区域、流域、海域水环境保护议事协调机制，发挥环境保护区域督查派出机构和流域水资源保护机构作用，探索建立陆海统筹的生态系统保护修复机制。流域上下游各级政府、各部门之间要加强协调配合、定期会商，实施联合监测、联合执法、应急联动、信息共享。京津冀、长三角、珠三角等区域要于2015年底前建立水污染防治联动协作机制。建立严格监管所有污染物排放的水环境保护管理制度。

完善水环境监测网络。统一规划设置监测断面（点位）。提升饮用水水源水质全指标监测、水生生物监测、地下水环境监测、化学物质监测及环境风险防控技术支撑能力。2017年底前，京津冀、长三角、珠三角等区域、海域建成统一的水环境监测网。

提高环境监管能力。加强环境监测、环境监察、环境应急等专业技术培训，严格落实执法、监测等人员持证上岗制度，加强基层环保执法力量，具备条件的乡镇（街道）及工业园区要配备必要的环境监管力量。各市、县应自2016年起实行环境监管网格化管理。

3.2.3.7　切实加强水环境管理

（1）强化环境质量目标管理。明确各类水体水质保护目标，逐一排查达标状况。未达到水质目标要求的地区要制定达标方案，将治污任务逐一落实到汇水范围内的排污单位，明确防治措施及达标时限，方案报上一级人民政府备案，自2016年起，定期向社会公布。对水质不达标的区域实施挂牌督办，必要时采取区域限批等措施。

（2）深化污染物排放总量控制。完善污染物统计监测体系，将工业、城镇生活、农业、移动源等各类污染源纳入调查范围。选择对水环境质量有突出影响的总氮、总磷、重金属等污染物，纳入流域、区域污染物排放总量控制约束性指标体系。

（3）严格环境风险控制。防范环境风险。定期评估沿江河湖库工业企业、工业集聚区环境和健康风险，落实防控措施。评估现有化学物质环境和健康风险，2017年底前公布优先控制化学品名录，对高风险化学品生产、使用进行严格限制，并逐步淘汰替代。

稳妥处置突发水环境污染事件。地方各级人民政府要制定和完善水污染事故处置应急预案，落实责任主体，明确预警预报与响应程序、应急处置及保障措施等内容，依法及时公布预警信息。

（4）全面推行排污许可。依法核发排污许可证。2015年底前，完成国控重点污染源及排污权有偿使用和交易试点地区污染源排污许可证的核发工作，其他污染源于2017年底前完成。

加强许可证管理。以改善水质、防范环境风险为目标，将污染物排放种类、浓度、总量、排放去向等纳入许可证管理范围。禁止无证排污或不按许可证规定排污。强化海上排污监管，研究建立海上污染排放许可证制度。2017年底前，完成全国排污许可证管理信息平台建设。

3.2.3.8　全力保障水生态环境安全

（1）保障饮用水水源安全。从水源到水龙头全过程监管饮用水安全。地方各级人民政府及供水单位应定期监测、检测和评估本行政区域内饮用水水源、供水厂出水和用户水龙头水质等饮水安全状况，地级及以上城市自2016年起每季度向社会公开。自2018年起，所有县级及以上城市饮水安全状况信息都要向社会公开。

强化饮用水水源环境保护。开展饮用水水源规范化建设，依法清理饮用水水源保护区内违法建筑和排污口。单一水源供水的地级及以上城市应于2020年底前基本完成备用水源或应急水源建设，有条件的地方可以适当提前。加强农村饮用水水源保护和水质检测。

防治地下水污染。定期调查评估集中式地下水型饮用水水源补给区等区域环境状况。石化生产存贮销售企业和工业园区、矿山开采区、垃圾填埋场等区域应进行必要的防渗处理。加油站地下油罐应于2017年底前全部更新为双层罐或完成防渗池设置。报废矿井、钻井、取水井应实施封井回填。公布京津冀等区域内环境风险大、严重影响公众健康的地下水污染场地清单，开展修复试点。

（2）深化重点流域污染防治。编制实施七大重点流域水污染防治规划。研究建立流域水生态环境功能分区管理体系。对化学需氧量、氨氮、总磷、重金属及其他影响人体健康的污染物采取针对性措施，加大整治力度。汇入富营养化湖库的河流应实施总氮排放控制。到2020年，长江、珠江总体水质达到优良，松花江、黄河、淮河、辽河在轻度污染基础上进一步改善，海河污染程度得到缓解。三峡库区水质保持良好，南水北调、引滦入津等调水工程确保水质安全。太湖、巢湖、滇池富营养化水平有所好转。白洋淀、乌梁素海、呼伦湖、艾比湖等湖泊污染程度减轻。环境容量较小、生态环境脆弱、环境风险高的地区，应执行水污染物特别排放限值。各地可根据水环境质量改善需要，扩大特别排放限值实施范围。

加强良好水体保护。对江河源头及现状水质达到或优于Ⅲ类的江河湖库开展生态环境安全评估，制定实施生态环境保护方案。东江、滦河、千岛湖、南四湖等流域于2017年底前完成。浙闽片河流、西南诸河、西北诸河及跨界水体水质保持稳定。

（3）加强近岸海域环境保护。实施近岸海域污染防治方案。重点整治黄河口、长江口、闽江口、珠江口、辽东湾、渤海湾、胶州湾、杭州湾、北部湾等河口海湾污染。沿海地级及以上城市实施总氮排放总量控制。研究建立重点海域排污总量控制制度。规范入海排污口设置，2017年底前全面清理非法或设置不合理的入海排污口。到2020年，沿海省（区、市）入海河流基本消除劣于V类的水体。提高涉海项目准入门槛。

推进生态健康养殖。在重点河湖及近岸海域划定限制养殖区。实施水产养殖池塘、近海养殖网箱标准化改造，鼓励有条件的渔业企业开展海洋离岸养殖和集约化养殖。积极推广人工配合饲料，逐步减少冰鲜杂鱼饲料使用。加强养殖投入品管理，依法规范、限制使用抗生素等化学药品，开展专项整治。到2015年，海水养殖面积控制在220万hm^2左右。

严格控制环境激素类化学品污染。2017年底前完成环境激素类化学品生产使用情况调查，监控评估水源地、农产品种植区及水产品集中养殖区风险，实施环境激素类化学品淘汰、限制、替代等措施。

（4）整治城市黑臭水体。采取控源截污、垃圾清理、清淤疏浚、生态修复等措施，加大黑臭水体治理力度，每半年向社会公布治理情况。地级及以上城市建成区应于2015年底前完成水体排查，公布黑臭水体名称、责任人及达标期限；于2017年底前实现河面无大面积漂浮物，河岸无垃圾，无违法排污口；于2020年底前完成黑臭水体治理目标。直辖市、省会城市、计划单列市建成区要于2017年底前基本消除黑臭水体。

（5）保护水和湿地生态系统。加强河湖水生态保护，科学划定生态保护红线。禁止侵占自然湿地等水源涵养空间，已侵占的要限期予以恢复。强化水源涵养林建设与保护，开展湿地保护与修复，加大退耕还林、还草、还湿力度。加强滨河（湖）带生态建设，在河道两侧建设植被缓冲带和隔离带。加大水生野生动植物类自然保护区和水产种质资源保护区保护力度，开展珍稀濒危水生生物和重要水产种质资源的就地和迁地保护，提高水生生物多样性。2017年底前，制定实施七大重点流域水生生物多样性保护方案。

保护海洋生态。加大红树林、珊瑚礁、海草床等滨海湿地、河口和海湾典型生态系统，以及产卵场、索饵场、越冬场、洄游通道等重要渔业水域的保护力度，实施增殖放流，建设人工鱼礁。开展海洋生态补偿及赔偿等研究，实施海洋生态修复。认真执行围填海管制计划，严格围填海管理和监督，重点海湾、海洋自然保护区的核心区及缓冲区、海洋特别保护区的重点保护区及预留区、重点河口区域、重要滨海湿地区域、重要沙质岸线及沙源保护海域、特殊保护海岛及重要渔业海域禁止实施围填海，生态脆弱敏感区、自净能力差的海域严格限制围填海。严肃查处违法围填海行为，追究相关人员责任。将自然海岸线保护纳入沿海地方政府政绩考核。到2020年，全国自然岸线保有率不低于35%（不包括海岛岸线）。

3.2.3.9 明确和落实各方责任

（1）强化地方政府水环境保护责任。各级地方人民政府是实施本行动计划的主体，要于2015年底前分别制定并公布水污染防治工作方案，逐年确定分流域、分区域、分行业的重点任务和年度目标。要不断完善政策措施，加大资金投入，统筹城乡水污染治理，强化监管，确保各项任务全面完成。各省（区、市）工作方案报国务院备案。

（2）加强部门协调联动。建立全国水污染防治工作协作机制，定期研究解决重大问题。各有关部门要认真按照职责分工，切实做好水污染防治相关工作。环境保护部要加强统一指导、协调和监督，工作进展及时向国务院报告。

（3）落实排污单位主体责任。各类排污单位要严格执行环保法律法规和制度，加强污染治理设施建设和运行管理，开展自行监测，落实治污减排、环境风险防范等责任。中央企业和国有企业要带头落实，工业集聚区内的企业要探索建立环保自律机制。

（4）严格目标任务考核。国务院与各省（区、市）人民政府签订水污染防治目标责任书，分解落实目标任务，切实落实"一岗双责"。每年分流域、分区域、分海域对行动计划实施情况进行考核，考核结果向社会公布，并作为对领导班子和领导干部综合考核评价的重要依据。

将考核结果作为水污染防治相关资金分配的参考依据。

对未通过年度考核的，要约谈省级人民政府及其相关部门有关负责人，提出整改意见，予以督促；对有关地区和企业实施建设项目环评限批。对因工作不力、履职缺位等导致未能有效应对水环境污染事件的，以及干预、伪造数据和没有完成年度目标任务的，要依法依纪追究有关单位和人员责任。对不顾生态环境盲目决策，导致水环境质量恶化，造成严重后果的领导干部，要记录在案，视情节轻重，给予组织处理或党纪政纪处分，已经离任的也要终身追究责任。

3.2.3.10　强化公众参与和社会监督

（1）依法公开环境信息。综合考虑水环境质量及达标情况等因素，国家每年公布最差、最好的10个城市名单和各省（区、市）水环境状况。对水环境状况差的城市，经整改后仍达不到要求的，取消其环境保护模范城市、生态文明建设示范区、节水型城市、园林城市、卫生城市等荣誉称号，并向社会公告。

各省（区、市）人民政府要定期公布本行政区域内各地级市（州、盟）水环境质量状况。国家确定的重点排污单位应依法向社会公开其产生的主要污染物名称、排放方式、排放浓度和总量、超标排放情况，以及污染防治设施的建设和运行情况，主动接受监督。研究发布工业集聚区环境友好指数、重点行业污染物排放强度、城市环境友好指数等信息。

（2）加强社会监督。为公众、社会组织提供水污染防治法规培训和咨询，邀请其全程参与重要环保执法行动和重大水污染事件调查。公开曝光环境违法典型案件。健全举报制度，充分发挥"12369"环保举报热线和网络平台作用。限期办理群众举报投诉的环境问题，一经查实，可给予举报人奖励。通过公开听证、网络征集等形式，充分听取公众对重大决策和建设项目的意见。积极推行环境公益诉讼。

（3）构建全民行动格局。树立"节水洁水，人人有责"的行为准则。加强宣传教育，把水资源、水环境保护和水情知识纳入国民教育体系，提高公众对经济社会发展和环境保护客观规律的认识。依托全国中小学节水教育、水土保持教育、环境教育等社会实践基地，开展环保社会实践活动。支持民间环保机构、志愿者开展工作。倡导绿色消费新风尚，开展环保社区、学校、家庭等群众性创建活动，推动节约用水，鼓励购买使用节水产品和环境标志产品。

我国正处于新型工业化、信息化、城镇化和农业现代化快速发展阶段，水污染防治任务繁重艰巨。各地区、各有关部门要切实处理好经济社会发展和生态文明建设的关系，按照"地方履行属地责任、部门强化行业管理"的要求，明确执法主体和责任主体，做到各司其职、恪尽职守，突出重点，综合整治，务求实效，以抓铁有痕、踏石留印的精神，依法依规狠抓贯彻落实，确保全国水环境治理与保护目标如期实现，为实现"两个一百年"奋斗目标和中华民族伟大复兴中国梦作出贡献。

3.3 城乡水环境保护规划

3.3.1 规划背景

水环境质量。目前，我国工业、农业和生活污染排放负荷大，全国化学需氧量排放总量为2294.6万t，氨氮排放总量为238.5万t，远超环境容量。全国地表水国控断面中，仍有近1/10（9.2%）丧失水体使用功能（劣于V类），24.6%的重点湖泊（水库）呈富营养状态；不少流经城镇的河流沟渠黑臭。饮用水污染事件时有发生。全国4778个地下水水质监测点中，较差的监测点比例为43.9%，极差的比例为15.7%。全国9个重要海湾中，6个水质为差或极差。

水资源保障能力。我国人均水资源量少，时空分布严重不均。用水效率低下，水资源浪费严重。万元工业增加值用水量为世界先进水平的2～3倍；农田灌溉水有效利用系数0.52，远低于0.7～0.8的世界先进水平。局部水资源过度开发，超过水资源可再生能力。海河、黄河、辽河流域水资源开发利用率分别高达106%、82%、76%，远远超过国际公认的40%的水资源开发生态警戒线，严重挤占生态流量，水环境自净能力锐减。全国地下水超采区面积达23万平方公里，引发地面沉降、海水入侵等严重生态环境问题。

水生态受损情况。湿地、海岸带、湖滨、河滨等自然生态空间不断减少，导致水源涵养能力下降。三江平原湿地面积已由中华人民共和国成立初期的5万km²减少至0.91万km²，海河流域主要湿地面积减少了83%。长江中下游的通江湖泊由100多个减少至仅剩洞庭湖和鄱阳湖，且持续萎缩。沿海湿地面积大幅度减少，近岸海域生物多样性降低，渔业资源衰退严重，自然岸线保有率不足35%。

水环境隐患。全国近80%的化工、石化项目布设在江河沿岸、人口密集区等敏感区域；部分饮用水水源保护区内仍有违法排污、交通线路穿越等现象，对饮水安全构成潜在威胁。突发环境事件频发，1995年以来，全国共发生1.1万起突发水环境事件，仅2014年环境保护部调度处理并上报的98起重大及敏感突发环境事件中，就有60起涉及水污染，严重影响人民群众生产生活，因水环境问题引发的群体性事件呈显著上升趋势，国内外反映强烈。

规划意义。建设生态文明和美丽中国的应有之义。党的十八大把生态文明建设纳入中国特色社会主义事业五位一体的总体布局，提出努力建设美丽中国，实现中华民族永续发展。生态环境优美宜居是美丽中国的重要内容，有利于增强人民群众幸福感，增加社会和谐度，拓展发展空间、提升发展质量，对建设生态文明和美丽中国至关重要。《水污染防治行动计划》（"水十条"）充分发挥环境保护作为生态文明建设主战场、主阵地的作用，以改善水环境质量为出发点和落脚点，提出到2020年全国水环境质量得到阶段性改善的近期目标，为实现中国梦保驾护航。

落实依法治国，推进依法治水的具体方略。党的十八届四中全会做出了全面推进依法治国的战略部署，明确要求用严格的法律制度保护生态环境。新修订实施的《环境保护法》及其配套法规规范，全方位解决法治偏软、制度偏松等问题。如何贯彻依法治国战略，依法保护水环境已成为当务之急。"水十条"按照十八届三中、四中全会精神及国务院要求，严格执行《环境保护法》《水污染防治法》等法律法规，将环评、监测、联合防治、总量控制、区域限批、排污许可等环境保护基本制度落到实处，明确法律规定的环保"高压线"、开发利用的基线和限期完成的底线，形成依法治水的崭新格局。

适应经济新常态的迫切需要。中央在深刻认识我国经济发展呈现增长速度换挡期、结构调整阵痛期、前期刺激政策消化期"三期叠加"的阶段性特征后，作出"经济进入新常态"的重大判断。当前，全国主要污染物控制指标开始呈下降趋势，总量却仍保持高位；人民群众对环境质量改善新期待越来越高，环境保护工作也面临机遇和挑战并存的新常态，处于重要的战略抉择期。出台"水十条"，明确了水污染防治的新方略，以水环境保护反逼经济结构调整，以环保产业发展腾出环境容量，以水资源节约拓展生态空间，以水生态保护创造绿色财富，为协同推进新型工业化、信息化、城镇化、农业现代化和绿色化，实施一带一路、京津冀协同发展、长江经济带等国家重大举措，为经济社会可持续发展保驾护航，打造中国经济升级版。

实施铁腕治污，向水污染宣战的行动纲领。要像对贫困宣战一样，坚决向污染宣战，紧紧依靠制度创新、科技进步、严格执法，铁腕治污加铁规治污，用硬措施完成硬任务。"水十条"严格按照党和国家领导的指示精神，坚持问题导向，重拳出击、重典治污，确保各项措施稳、准、狠，取得实效；共提出6类主要指标，26项具体要求，并进一步明确了38项措施的完成时限。为确保任务目标的落实，"水十条"提出了取缔"十小"企业，整治"十大"行业、治理工业集聚区污染、"红黄牌"管理超标企业、环境质量不达标区域限批等238项强有力的硬措施。"水十条"的发布与实施，必将一扫生态环保领域的积疴陈弊，全面打响水污染防治"攻坚战"。

推进水环境管理战略转型的路径平台。"九龙"治水是为了同一片"天"，这个"天"就是老百姓。"水十条"统筹兼顾各部门职责，各类水体保护要求，搭建平台、凝聚共识，充分调动发挥环保、发改、科技、工业、财政、国土、交通、住建、水利、农业、卫生、海洋等部门力量，开创"九龙"合力、系统治理的新气象。坚决落实全面深化改革、加快生态文明制度建设各项要求，统筹水资源、水环境、水生态，实施系统治理。明确了水环境质量目标导向，把各类水体、各个区域的水环境质量状况，作为检验各项工作的终极标准，稳步推进环境管理战略转型各项工作；根据质量目标要求，确定污染减排目标，尽快让排污总量降下来、让环境质量好起来。

推动稳增长、促改革、调结构、惠民生的必然要求。"水十条"强化问题导向，从经济结构等深层次问题入手，既注重总体谋划，又注重牵住"牛鼻子"，牢牢抓住主要矛盾和矛盾的主要方面。把水资源环境承载能力作为刚性约束，以水定城、以水定地、以水定人、以水定产，提出调整产业结构、优化空间布局、推进循环发展等多项具体政策措施，运用水环境保护这把"手术刀"、水环境质量考核这一"指挥棒"，推动经济结构转型升级，建立新的发展模式。牢牢把握全面建成小康社会、改善民生要求，想方设法解决群众反映强烈问题，着眼百姓房前屋后、小沟小汊，聚焦千家万户的水缸子、水龙头，提出饮用水水源保护、城市黑臭水体整治等具体指标，让水污染治理的效果更加贴合百姓感受。

3.3.2　规划原则

3.3.2.1　地表与地下、陆上与海洋污染同治理

立足生态系统完整性和自然资源的双重属性，打破区域、流域和陆海界限，打破行业和生态系统要素界限，实行要素综合、职能综合、手段综合，建立与生态系统完整性相适应的生态环境保护管理体制，形成从地表到地下、从山顶到海洋的全要素、全过程和全方位的生态系统一体化管理，维护生态系统的结构和功能的完整性以及生态系统健康。

3.3.2.2　市场与行政、经济与科技手段齐发力

简政放权、放管结合，推动水环境管理从过去的以行政审批为抓手、由政府主导，转向以市场和法律手段为主导，更好发挥政府在制定规划和标准等方面的规范引导作用。继续推进环保行政审批制度改革，优化审批流程，减少审批环节，强化事中事后监管。拓宽政府环境公共服务供给渠道，推进向社会力量购买服务。更多利用市场手段激励约束环境行为。

3.3.2.3　节水与净水、水质与水量共考核

节水即治污，节水就是保护生态、保护水源。净水即减排，进一步提标改造，强化源头减量、过程清洁、末端治理，从再生产全过程防范环境污染和生态破坏。统筹考核用水总量、水环境质量，确保水环境质量不降低，水生态系统服务功能不削弱，严防水生态环境风险。

3.3.2.4　实施最严格的水环境管理制度

力争通过实行最严格的源头保护制度、损害赔偿制度、责任追究制度、生态修复制度，保护和修复水生态环境。着力推动"党政同责"、"一岗双责"，建立体现水生态环境保护要求的目标体系、考核办法、奖惩机制，推行领导干部自然资源资产离任审计，建立生态环境损害责任终身追究制，把党政"一把手"的环保责任落实到位。

3.3.3　规划内容

3.3.3.1　规划的目标和指标

结合全面建成小康社会的目标要求，"水十条"确定的工作目标是：到2020年，全国水环境质量得到阶段性改善，污染严重水体较大幅度减少，饮用水安全保障水平持续提升，地下水超采得到严格控制，地下水污染加剧趋势得到初步遏制，近岸海域环境质量稳中趋好，京津冀、长三角、珠三角等区域水生态环境状况有所好转。

到2030年，力争全国水环境质量总体改善，水生态系统功能初步恢复。到21世纪中叶，生

态环境质量全面改善，生态系统实现良性循环。主要指标是：到2020年，长江、黄河、珠江、松花江、淮河、海河、辽河等七大重点流域水质优良（达到或优于Ⅲ类）比例总体达到70%以上，地级及以上城市建成区黑臭水体均控制在10%以内，地级及以上城市集中式饮用水水源水质达到或优于Ⅲ类比例总体高于93%，全国地下水质量极差的比例控制在15%左右，近岸海域水质优良（Ⅰ、Ⅱ类）比例达到70%左右。京津冀区域丧失使用功能（劣于Ⅴ类）的水体断面比例下降15个百分点左右，长三角、珠三角区域力争消除丧失使用功能的水体。

到2030年，全国七大重点流域水质优良比例总体达到75%以上，城市建成区黑臭水体总体得到消除，城市集中式饮用水水源水质达到或优于Ⅲ类比例总体为95%左右。按照"节水优先、空间均衡、系统治理、两手发力"的原则，为确保实现上述目标，"水十条"提出了10条35款，共238项具体措施。

除总体要求、工作目标和主要指标外，可分为四大部分。1～3条为第一部分，提出了控制排放、促进转型、节约资源等任务，体现治水的系统思路。4～6条为第二部分，提出了科技创新、市场驱动、严格执法等任务，发挥科技引领和市场决定性作用，强化严格执法。7～8条为第三部分，提出了强化管理和保障水环境安全等任务。9～10条为第四部分，提出了落实责任和全民参与等任务，明确了政府、企业、公众各方面的责任。为了便于贯彻落实，每项工作都明确了牵头单位和参与部门。

3.3.3.2　控制污染物排放

针对工业、城镇生活、农业农村和船舶港口等污染来源，提出了相应的减排措施。包括依法取缔"十小"企业，专项整治"十大"重点行业，集中治理工业集聚区污染；加快城镇污水处理设施建设改造，推进配套管网建设和污泥无害化处理处置；防治畜禽养殖污染，控制农业面源污染，开展农村环境综合整治；提高船舶污染防治水平。

3.3.3.3　推动经济结构转型升级

调整产业结构、优化空间布局、推进循环发展，既可以推动经济结构转型升级，也是治理水污染的重要手段。包括：加快淘汰落后产能；结合水质目标，严格环境准入；合理确定产业发展布局、结构和规模；以工业水循环利用、再生水和海水利用等推动循环发展等。

3.3.3.4　着力节约保护水资源

实施最严格水资源管理制度，严控超采地下水，控制用水总量；提高用水效率，抓好工业、城镇和农业节水；科学保护水资源，加强水量调度，保证重要河流生态流量。

3.3.3.5　强化科技支撑

完善环保技术评价体系，加强共享平台建设，推广示范先进适用技术；要整合现有科技资源，加强基础研究和前瞻技术研发；规范环保产业市场，加快发展环保服务业，推进先进适用技术和装备的产业化。

3.3.3.6　充分发挥市场机制作用

加快水价改革，完善污水处理费、排污费、水资源费等收费政策，健全税收政策，发挥好价格、税收、收费的杠杆作用。加大政府和社会投入，促进多元投资；通过健全"领跑者"制度、推行绿色信贷、实施跨界补偿等措施，建立有利于水环境治理的激励机制。

3.3.3.7 严格环境执法监管

加快完善法律法规和标准，加大执法监管力度，严惩各类环境违法行为，严肃查处违规建设项目；加强行政执法与刑事司法衔接，完善监督执法机制；健全水环境监测网络，形成跨部门、区域、流域、海域的污染防治协调机制。

3.3.3.8 切实加强水环境管理

未达到水质目标要求的地区要制定实施限期达标的工作方案，深化污染物总量控制制度，严格控制各类环境风险，稳妥处置突发水环境污染事件；全面实行排污许可证管理。

3.3.3.9 全力保障水生态环境安全

建立从水源到水龙头全过程监管机制，定期公布饮水安全状况，科学防治地下水污染，确保饮用水安全；深化重点流域水污染防治，对江河源头等水质较好的水体保护；重点整治长江口、珠江口、渤海湾、杭州湾等河口海湾污染，严格围填海管理，推进近岸海域环境保护；加大城市黑臭水体治理力度，直辖市、省会城市、计划单列市建成区于2017年底前基本消除黑臭水体。

3.3.3.10 明确和落实各方责任

建立全国水污染防治工作协作机制。地方政府对当地水环境质量负总责，要制定水污染防治专项工作方案。排污单位要自觉治污、严格守法。分流域、分区域、分海域逐年考核计划实施情况，督促各方履责到位。

3.3.3.11 强化公众参与和社会监督

国家定期公布水质最差、最好的10个城市名单和各省（区、市）水环境状况。依法公开水污染防治相关信息，主动接受社会监督。邀请公众、社会组织全程参与重要环保执法行动和重大水污染事件调查，构建全民行动格局。

3.3.4 规划方法

3.3.4.1 坚持改革创新的思路和方法

水污染防治任务艰巨，必须依靠深化改革，通过创新加以推进。"水十条"将改革创新贯穿始终，在238项具体治理措施中，有136项是改进强化的措施（提高污水处理标准等），有90项是改革创新的措施（对超标企业实施"红黄牌"管理等），还有12项是研究探索性的措施（研究建立国家环境监察专员制度等）。

3.3.4.2 坚持系统治理的理念

水环境改善是一项长期、复杂的系统工程。"水十条"坚持系统思维，既考虑当前，也兼顾长远，既解决好存量，也把握好增量，统筹节水与治水、地表水与地下水、淡水与海水、好水与差水的关系，突出抓好重点污染、重点行业和重点区域，发挥好市场的决定性作用、科技的支撑作用和法规标准的引领作用，统筹安排好生产、生活、生态用水，全面推进山水林田湖保护、治理和修复。

3.3.4.3　坚持问题导向的方针

为确保措施务实、管用,"水十条"具体治理措施,均针对水污染防治工作中存在的三个突出问题,其中,65项是针对水环境质量改善的措施(解决城市水体黑臭问题等),55项是修复保护水生态的措施(保护生态空间等),48项是防范环境隐患的措施(优化空间布局等),还有70项综合措施(完善法律法规等)。

3.3.5　实施措施

3.3.5.1　健全自然资源用途管制制度

严格水域岸线用途管制,土地开发利用应留足河道、湖泊和滨海地带的管理和保护范围,非法挤占的应限期退出。

3.3.5.2　健全水节约集约使用制度

严控地下水超采。未经批准的和公共供水管网覆盖范围内的自备水井,一律予以关闭。在黄河、淮河等流域进行试点,分期分批确定生态流量(水位),作为流域水量调度的重要参考。

3.3.5.3　划定生态保护红线、建立资源环境承载能力监测预警机制

建立水资源、水环境承载能力监测评价体系,实行承载能力监测预警,已超过承载能力的地区要实施水污染物削减方案,加快调整发展规划和产业结构。到2020年,组织完成市、县域水资源、水环境承载能力现状评价。

3.3.5.4　实行资源有偿使用制度

加快水价改革。县级及以上城市应于2015年底前全面实行居民阶梯水价制度,具备条件的建制镇也要积极推进。2020年底前,全面实行非居民用水超定额、超计划累进加价制度。深入推进农业水价综合改革。在严重缺水地区试行退地减水。地表水过度开发和地下水超采问题较严重,且农业用水比重较大的五省(区),要适当减少用水量较大的农作物种植面积,改种耐旱作物和经济林;对3300万亩灌溉面积实施综合治理,退减水量37亿m^3以上。

3.3.5.5　实行生态补偿制度

探索采取横向资金补助、对口援助、产业转移等方式,开展补偿试点。深化排污权有偿使用和交易试点。

3.3.5.6　发展环保市场

废止妨碍形成全国统一环保市场和公平竞争的规定和做法。健全环保工程设计、建设、运营等领域招投标管理办法和技术标准。明确监管部门、排污企业和环保服务公司的责任和义务,完善风险分担、履约保障等机制。以污水、垃圾处理和工业园区为重点,推行环境污染第三方治理。

3.3.5.7　建立吸引社会资本投入生态环境保护的市场化机制

积极推动设立融资担保基金,推进环保设备融资租赁业务发展。推广股权、项目收益权、特许经营权、排污权等质押融资担保。采取环境绩效合同服务、授予开发经营权益等方式,鼓励社会资本加大水环境保护投入。

3.3.5.8 建立和完善严格监管所有污染物排放的环境保护管理制度，独立进行环境监管和行政执法

建立严格监管所有污染物排放的水环境保护管理制度。强化城市污水处理设施脱氮除磷升级改造、重点行业特征污染物防治、港口、码头、装卸站及船舶污染防治等。研究建立国家环境监察专员制度，实行环境监管网格化管理。

3.3.5.9 建立陆海统筹的生态系统保护修复和污染防治区域联动机制

强化水源涵养林建设与保护，实施湿地修复重大工程，退耕还林、还草、还湿。制定实施重点流域水生生物多样性保护方案。加大滨海湿地、河口和海湾典型生态系统，以及重要渔业水域的保护力度。健全跨部门、跨区域、流域、海域水环境保护议事协调机制。完善国家水环境监测网络。京津冀、长三角、珠三角等区域水生态环境状况要明显好转。

3.3.5.10 及时公布环境信息，健全举报制度，加强社会监督

加大水质达标、饮用水安全、城市水体质量等环境信息公开力度。如要求地级及以上城市自2016年起每季度向社会公开饮水安全状况。自2018年起，所有县级及以上城市饮水安全状况信息都要向社会公开。综合考虑水环境质量及达标情况等因素，国家每年公布最差、最好的10个城市名单和各省（区、市）水环境状况。

3.3.5.11 完善污染物排放许可制，实行企事业单位污染物排放总量控制制度

2015年底前，完成国控重点污染源及排污权有偿使用和交易试点地区污染源排污许可证的核发工作，其他污染源于2017年底前完成。以改善水质、防范环境风险为目标，将污染物排放种类、浓度、总量、排放去向等纳入许可证管理范围。完善污染物统计监测体系，将工业、城镇生活、农业、移动源等各类污染源纳入调查范围。选择对环境质量有突出影响的总氮、总磷、重金属等污染物，研究纳入流域、区域污染物排放总量控制约束性指标体系。

3.3.5.12 严格实行赔偿制度，依法追究刑事责任

重点打击私设暗管或利用渗井、渗坑、溶洞排放、倾倒含有毒有害污染物废水、含病原体污水，监测数据弄虚作假，不正常使用水污染物处理设施，或者未经批准拆除、闲置水污染物处理设施等环境违法行为。对造成生态环境损害的责任者严格实行赔偿制度。严肃查处建设项目环评领域越权审批、未批先建、边批边建、久试不验等违法建设项目。对构成犯罪的，要依法追究刑事责任。

3.3.6 工程规划

3.3.6.1 水污染防治工程

水污染防治是一项系统工程，解决水污染问题需要系统思维，从全局和战略的高度进行顶层设计和谋划。

以改善水环境质量为核心，统筹水资源管理、水污染治理和水生态保护。"水十条"提出了控制排污、促进转型、节约资源等任务，构建水质、水量、水生态统筹兼顾、多措并举、协调推进的格局。污染物排放总量作为分子，尽量做减，"调结构、调布局"是治本之策，以治

水反逼产业结构调整及转型升级；减少污染物排放是治标之法，努力削减工业、城镇生活、农村农业排污总量。水量作为分母，尽量做加法，坚持节水即减污，以控制用水总量、提高用水效率、保障生态用水实现节水增流，强调闸坝联合调度、生态补水等措施，合理安排闸坝下泄水量和时段，维持河湖基本生态用水。

协同管理地表水与地下水、淡水与海水、大江大河与小沟小汊。水具有很强的流动性，污染在水里，根源在岸上。"水十条"以山水林田湖为生命共同体，尊重水的自然循环过程，监管污染物的产生、排放、进入水体的全过程，统筹地表与地下、陆地与海洋、大江大河和小沟小汊。对于大江大河，延续重点流域水质考核问责制度，强化消灭劣V类水体。对于群众意见大、公众关注度高的小沟小汊，公布黑臭水体名称、责任人及达标期限。

系统控源，全面控制污染物排放。"水十条"明确主攻方向，以取缔"十小"企业、整治十大行业、治理工业集聚区、防治城镇生活污染等为重点，全面推动深化减污工作；通过划定禁养区等措施，提升规模化养殖比率，实现粪便污水资源化利用；提出了加快农村环境综合整治、加强船舶港口污染控制、依法强制报废超过使用年限的船舶等针对性的非点源污染防治措施。

工程措施与管理措施并举，切实落实治理任务。"水十条"提出的各类工程措施和管理措施相辅相成，工程措施着眼于"以项目治水洁水"，管理措施着眼于"用制度管水节水"。不仅提出工业、城镇生活、农业农村污染防治，饮用水安全保障、城市黑臭水体整治、节水等工作要求，还明确了70余项法规、政策、制度和机制等管理举措，全面保障各项任务的落实。

部门联动，打好治污"组合拳"。"水十条"明确了发改、财政、工信、住建、农业等相关部门的责任，整合海洋、林业、水利等部门的行政工作，充分调动工商、国土、公安等部门的执法力量，将显著提升环保工作效率。

构建全民行动格局，落实政府、企业、公众责任。明确和落实各方责任是"水十条"实施的重要保障。"水十条"明确提出了强化地方政府水环境保护责任、落实排污单位主体责任、构建全民行动格局、严格目标任务考核等措施。通过责任追究制度落实地方政府责任，约束企业依法治污，健全公众监督、舆论监督和司法监督相结合的环境监管体系。建立政府、企事业单位、公众沟通对话平台，新闻媒体、公益组织也要依法加强对政府和企业的监督。

3.3.6.2　畜禽养殖污染防治工程

随着我国畜禽养殖业的迅速发展，出现了布局不合理、种养脱节等问题，畜禽粪污未得到科学处置利用，既浪费资源，又污染环境，并成为湖库富营养化等水质恶化的重要原因。"水十条"提出了"调布局、建设施、促利用"全过程控制思路，要求调整优化布局，实施养殖场清洁生产及粪污资源化利用，促进产业良性发展，减少对水环境的污染。

强化源头控制，调整养殖布局。长期以来，我国畜禽养殖业单纯面向市场自由发展，导致了布局不合理等问题，部分饮用水水源保护区、风景名胜区、自然保护区等敏感水体面临养殖污染风险。"水十条"从优化布局入手，将"调整养殖布局、降低污染风险"作为重点任务之一，明确了科学划定畜禽养殖禁养区、关闭或搬迁禁养区内的养殖场（小区）和养殖专业户等任务和完成时限，从源头上防范畜禽养殖污染风险。

建设治污设施，促进清洁养殖。畜禽养殖业疫病风险高，疫病往往给养殖者带来巨大损失。清洁养殖对防控疫病起到重要作用。我国规模化养殖程度低，养殖企业的环保意识差、经济基础不强，抵御市场波动和疫病风险的能力弱，清洁生产水平不高。"水十条"要求，现有规模化畜禽养殖场（小区）要根据污染防治需要，配套建设粪便污水贮存、处理、利用设施，新建、改建、扩建的要实施雨污分流，散养密集区要实施污水分户收集和集中处理利用。从而实现养殖场粪污清洁规范存储，既能提高养殖场清洁生产水平，又能改善水环境质量，还能促进行业健康发展。

加强种养结合，引导综合利用。畜禽粪污是天然的肥料资源。由于国家化肥补贴和农村生产生活方式、劳动力结构的变化，畜禽粪肥种植业应用受到限制，既浪费资源又污染环境。种养结合不足是我国畜禽养殖污染的重要原因之一。"水十条"强调粪污资源化利用，支持和鼓励采取粪肥还田、制取沼气、发电、制造有机肥等方式，促进就地就近消纳利用畜禽养殖粪污，实现农业发展方式转型与环境保护双赢的目标。

3.3.6.3 生态流量管控工程

生态流量是指维持江河湖泊生态系统健康所需的水文情况，包括流量（水位）要求、不同水期消长要求等。与之相近的概念还有环境流量、生态需水量、生态基流等。

保障生态流量是江河湖泊得以存在的基础，无水不成江湖；是维持一定环境容量、保障水质安全的需要，排污标准、水质目标都基于一定水量测算，如果水量不足则难以实现水环境保护要求；是水资源管理的重要内容，2011年中央一号文件明确提出，要协调好生活、生产、生态环境用水；是维护水生态健康的需要，水生生物洄游、产卵等重要生命活动，往往依赖于特定的流量和水文过程。

人多水少、水资源时空分布不均是我国的基本国情水情，不少地区生态流量得不到保证。随着经济社会的高速发展，不少地区水资源过度开发，如黄河流域开发利用率高达82%、淮河流域达53%、海河流域更是超过100%，远超国际通行的40%的开发上限，引发一系列生态环境问题。

国内外在生态流量保障理论与实践方面积累了丰富经验。20世纪40年代，美国就意识到水资源开发影响渔业，到70年代水利工程建设高峰时期，生态流量研究与实践迅速兴起，并于80年代后期扩展到澳大利亚、南非、欧洲等地区，至21世纪初，已有40多个国家和地区建立了上百种计算方法。我国生态流量研究始于20世纪90年代，在九五科技攻关"西北地区水资源保护与合理利用"、中国工程院"中国可持续发展水资源战略研究"、"黄河流域水资源演化和可再生性维持机理"等项目推动下快速发展，并在全国水资源综合规划、水电开发等实践中得到应用。

"水十条"明确提出要科学确定生态流量，加强江河湖库水量调度管理。一是科学确定生态流量。以河湖重要控制断面（点位）、生态敏感区等为关键节点，以纳污、生态、防洪、发电、航运、灌溉等功能协调为准则，"一河一量"确定生态流量。二是强化调度管理。将生态流量纳入水资源调度方案，区域水资源调配及水力发电、供水、航运等调度，要服从流域水资源统一调度，切实保障生态流量。

3.3.6.4　优化体制机制

发挥市场决定性作用。实施"水十条"资金需求巨大。在积极发挥政府规范和引领作用的同时，必须用好税收、价格、补偿、奖励等手段，充分发挥市场机制作用。

健全税收政策，引导生产消费行为。税收是生产消费行为的基础性调节手段，在推动环保产业发展、引导绿色消费等方面发挥着重要作用。理顺价格机制，保护好资源环境。建立能够反映资源稀缺程度和环境修复费用的价格与收费政策，成为筹集治污资金的重要手段。设立阶梯水价、提高污水费征收标准，成为价格收费政策的重要内容。建立激励机制，树立行业标杆。现有环境保护制度重视企业达标排放，缺少激励企业深化治污的政策机制，不利于进一步降低污染物排放水平。"水十条"创新性地提出，健全节水环保"领跑者制度"，鼓励支持节能减排先进企业及工业集聚区的用水效率、排污强度等达到更高标准，支持开展清洁生产、节水治污等示范工作。实施生态补偿，解决跨界污染。生态补偿是受益地区对生态保护地区的一种补偿，补偿其为保护生态环境作出的贡献。我国流域生态补偿主要通过专项资金、异地开发、水权交易等模式实现。"水十条"提出实施跨界水环境补偿，探索采取横向资金补助、对口援助、产业转移等方式，建立跨界水环境补偿机制并开展试点示范。

推进金融与环保融合。当前，环境金融对环保工作助力不够，金融与环保融合不足，重要原因是排污企业和环保企业抵押担保手段缺乏，金融机构出于风险考虑，不愿进入环保领域。"水十条"提出，积极推动设立融资担保基金，推广股权、项目收益权、特许经营权、排污权等质押融资担保，将推进环保设备融资租赁业务，消除金融资本进入环保领域的融资担保障碍，撬动金融资本投入环保事业。

开发经营权益捆绑。"水十条"提出，采取授予开发经营权益等方式，鼓励社会资本加大环保投入。水源地环境综合整治、湖滨河滨缓冲带建设、河流生态修复等项目公益性强，难以产生直接经济收益。要撬动社会资本进入这些领域，必须让其有利可图，如通过与周边土地开发、林下经济、生态养殖、生态旅游等经营性较强的项目组合开发，即可创新捆绑经营模式，引导社会资本投入。

环境绩效合同服务。"水十条"提出，采取环境绩效合同服务等方式，鼓励社会资本加大水环境保护投入，促进多元融资。市场主体以合同方式，向政府提供环境综合服务，并以环境效果为基础收取服务费，有利于建立基于绩效的政府环保支出方式，提升环境公共服务水平。此外，还可以通过分期支付方式，降低财政一次性支出压力。

以跨界水环境补偿机制推进水质改善。当前，我国跨省界河流生态流量难以有效保障，上下游治污协作机制尚未完全建立，权责落实与激励政策尚不完善，跨省界断面水质短期内难以得到根本改善。实施水环境补偿，在改善流域水环境质量、明确治理责任等方面将发挥积极作用，是水环境管理的重要内容和有效手段。由于我国水环境补偿工作起步较晚，在补偿的方式、标准、责任等方面仍需进一步研究和完善。

为进一步建立健全跨界水环境补偿机制，重点需要开展以下工作：一是完善顶层设计。制定出台相关法律法规、办法和技术指南，推进跨界水环境补偿的制度化和法制化；尽快制定和出台跨省界水环境补偿指导意见，引导地方建立补偿工作机制。二是加强指导协调。在完善新安江、九州江、渭河等流域跨界水环境补偿机制的同时，在引滦入津、东江等流域进一步开展试点，加大协调力度，明确上下游责任。三是研究建立补偿标准体系。考虑上游地区发展机会损失成本、污染治理成本以及生态系统服务价值等因素，完善跨界水环境补偿测算方法。四是推进长效机制建设。鼓励上下游采取资金补助、对口协作、产业转移、人才培训、共建园区等方式，开展多元化补偿，采取财政、金融等经济手段，吸引市场资本投入流域环境保护，维护补偿机制长期有效运转。

重拳打击违法行为。近年来，各地区、各部门不断加大工作力度，环境执法工作取得积极成效，但执法不到位等问题仍然十分突出。违法排污事件屡见不鲜，环境事故频发。环境监管力量薄弱，监察机制建设不完善，监督执法方式单一，难以及时发现并处罚所有环境违法行为。违法成本低、守法成本高的现象依然存在。少数地方出于经济发展考虑，环保履责不到位，甚至充当排污企业的"保护伞"。公众参与渠道不畅，社会监督机制不完善，违法企业缺乏道德约束力，某种程度上纵容了其违法排污，形成恶性循环。

"水十条"重拳打击违法行为，要求加大执法力度，完善国家督查、省级巡查、地市检查的环境监督执法机制。对实行"红黄牌"管理，对超标和超总量的企业予以'黄牌'警示，一律限制生产或停产整治；对整治仍不能达到要求且情节严重的企业予以'红牌'处罚，一律停业、关闭。严惩环境违法行为，对违法排污零容忍。

积极推行国家督查、省级巡查、地市检查，坚持联合执法、区域执法、交叉执法，加大暗查暗访力度，研究建立常规监察、突击抽查、公众监督新机制，充分调动社会力量监督环境违法。抽查并公布排污单位达标排放情况，定期公布环保"黄牌"、"红牌"企业名单，形成"过街老鼠，人人喊打"的强大震慑，形成"齐抓共管"排污企业的新局面。

环保违法行为"零容忍"。对偷排偷放、非法排放有毒有害污染物、非法处置危险废物、不正常使用防治污染设施、伪造或篡改环境监测数据等恶意违法行为，依法严厉处罚；对违法排污及拒不改正的企业按日计罚，依法对相关人员予以行政拘留；对涉嫌犯罪的，一律迅速移送司法机关。对超标超总量排污的违法企业采取限制生产、停产整治和停业关闭等措施。

第4章

土壤环境治理与保护规划

4.1　土壤与土壤污染

4.1.1　土壤的环境学意义及特征

4.1.1.1　土壤在自然环境中的重要地位

土壤处于大气圈、水圈和生物圈之间的过渡地带，是联系无机界和有机界的重要环节，土壤是结合环境各要素的枢纽，是陆地生态系统的核心及其生物链的首端，土壤是许多有害废弃物的处理和容纳场所。

4.1.1.2　土壤的特征

（1）物理学性质

土壤颗粒的大小和排列状态决定土壤的孔隙率、透气性、渗水性、溶水性和毛细管现象等许多物理特性。

土壤空气主要含有：O_2、CO_2、NH_3、H_2、CO、H_2S等。土壤通气性：指单位面积单位时间内通过的空气量，与大气压、土壤深度和湿度有关。

土壤水分：地下水位高，易引起地面潮湿，形成沼泽，不利于土壤中有机物的无机化。

土壤容水量：指一定容积的土壤中含有水分的量，土壤容水量大，其渗水性和透气性不良，不利于建筑物防潮和有机物的无机化。其影响因素主要有：土壤颗粒土壤颗粒越小，容水量越大。土壤腐殖质多，其容水量大。

土壤渗水性：指水分渗透过土壤的能力。土壤颗粒越大，渗水性越大。如渗水过快，不利于地下水的防护。

土壤的毛细管作用指土壤中的水分沿着孔隙上升的作用。土壤孔隙越小其毛细管作用越大。建筑物地面和墙壁的潮湿现象和土壤的毛细管作用有关。

（2）化学特征

土壤的无机成分：土壤中的无机成分由地壳岩石的组成所决定，构成土壤的主要元素含量百分比与其在地壳中相类似。人体内的化学元素和土壤中化学元素之间保持着动态平衡关系。

土壤背景值又称为本底值，指该地区未受污染的天然土壤中各种元素的含量。

土壤对某污染物的环境容量：指一定环境单元、一定时间内、在不超过土壤卫生标准的前提下，土壤对该物质能够容纳的最大负荷量。土壤环境容量的计算公式：

土壤对某污染物的环境容量＝该物质的土壤卫生标准－本底值

4.1.1.3　土壤的主要有机成分——腐殖质

定义：有机物在土壤微生物的作用下分解成为简单化合物的同时，又重新合成复杂的高分子化合物，称为腐殖质。成分：木质素、蛋白质、碳水化合物、脂肪和腐殖酸等，这些成分含有大量的碳、氢、氧、氮、硫、磷和少量的铁、镁等元素，是植物和微生物的营养来源。性质：腐殖质是胶体物质，有很强的吸附性。

土壤胶体：有机胶体主要是腐殖质，无机胶体主要是极微细的黏粒，包括含水氧化铁、氧化铝等。土壤胶体具有巨大的比表面和表面能；带有一定的电荷，所带电荷性质主要取决于胶粒表面固定离子的性质，一般都带负电；土壤胶体凝聚性和分散性。前两个性质决定了土壤胶体具有强的吸附能力。

4.1.2　土壤污染态势和成因

4.1.2.1　定义

人类活动产生的污染物进入土壤并积累到一定程度，引起土壤质量恶化的现象；各种外来物质进入土壤并积累到一定程度，超过土壤本身的自净能力，而导致土壤性状变劣、质量下降的现象；对人类及动植物有害的化学物质经人类活动进入土壤，其积累数量和速度超过土壤净化速度的现象。

土壤是指陆地表面具有肥力、能够生长植物的疏松表层，其厚度一般在2m左右。土壤不但为植物生长提供机械支撑能力，并能为植物生长发育提供所需要的水、肥、气、热等肥力要素。近年来，由于人口急剧增长，工业迅猛发展，固体废物不断向土壤表面堆放和倾倒，有害废水不断向土壤中渗透，大气中的有害气体及飘尘也不断随雨水降落在土壤中，导致了土壤污染。凡是妨碍土壤正常功能，降低作物产量和质量，同时通过粮食、蔬菜、水果等间接影响人体健康的物质，均为土壤污染物。

4.1.2.2　土壤环境污染态势

随着经济社会的高速发展和高强度的人类活动，加之缺乏强有力的监管措施和技术支撑，我国土壤环境重金属、农药、增塑剂、持久性有机污染物（POPs）、放射性核素、病原体、新兴污染物（如抗生素）等污染态势严峻。总体上，污染退化的土壤数量在增加，土壤污染范围在扩大，污染物种类在增多，出现了复合型、混合型的高风险污染区，呈现出从污灌型向与大气沉降型并重转变、城郊向农村延伸、局部向区域蔓延的趋势，体现出从有毒有害污染发展至有毒有害污染与土壤酸化、养分过剩、次生盐碱化的交叉，形成了点源与面源污染共存，生活污染、污泥污染、种植养殖业污染和工矿企业排放污染叠加，多种传统污染物与新兴污染物相互混合的态势，危及粮食生产、食物质量、生态安全、人体健康以及区域可持续发展。

（1）耕地土壤污染严重，影响农业生产质量、农村环境安全和农民健康

耕地土壤是生产粮食、蔬菜和纤维的自然资源，是农业的基本生产资料。据估计，目前全国约有1/10的耕地面积受到不同程度的污染，导致每年有千万吨粮食的污染物含量超标。经济快速发展地区的一些耕地中持久性毒害物质大量积累，城郊农田、菜地农药残留、重金属及POPs复合污染突出。20世纪80年代停止使用的六六六、滴滴涕等传统持久性农药，虽然目前其在农田、菜地土壤中含量已经大幅度降低，但是仍然普遍检出；在局域农田土壤中，还同时同地出现多环芳烃、肽酸酯、多氯联苯及二噁英类毒害物质，甚至与土壤酸化、重金属污染共存，造成土壤中动物、微生物数量减少甚至灭绝，导致农作物、蔬菜减产或绝产，农产品污染物超标。有关耕地土壤与农产品污染的事件不断，农村环境安全和食物链污染引起的农民健康问题值得关注。

（2）工业企业搬迁场地土壤污染涌现，影响城市生活质量、人居环境安全和居民健康

在大规模的城市化进程中，出现了数以万计的化工、冶金、钢铁、轻工、机械制造等行业的企业搬迁而遗留的场地，成为城镇管理者和公众关注的焦点。如北京市近期在实施的"退二进三"规划中已对北京首钢股份有限公司、北京化工二厂、北京焦化厂等大型老工业企业群的数十家企业进行了搬迁。城镇工业企业搬迁地土壤往往受到挥发性有机污染物、重金属等多种污染物的污染，污染程度重、污染分布相对集中；特征污染物因地而异，通常有农药、苯系物、卤代烃、多环芳烃、石油、重金属等；污染土层深度可达数米至数十米，地下水同时受到污染。随着越来越多的城市工业用地转变为绿化、娱乐等公共用地或居住用地，潜在的土壤污染问题将逐渐暴露出来，影响了城市生活质量。如果对搬迁的污染场地的面积、数量、分布和危害程度缺乏了解，不进行风险评估，不加以治理修复，将对人居环境质量和居民健康造成显现或潜在的危害。

（3）有色金属矿区土壤污染突出，破坏生态，危及饮用水源安全和人体健康

我国是世界第三大矿业大国，现有各类矿山4000多个。矿产资源的开采、冶炼和加工对生态破坏和环境污染严重。据估计，我国受采矿污染的土壤面积至少有200万hm^2。有的矿区由于采矿、冶炼及尾矿污染，造成了上百公里的河段严重污染、鱼虾绝迹、人畜无法饮用、粮食减产；有的矿区因污染使蔬菜叶子枯黄、卷缩，部分果树已死亡，羊齿脱落极为普遍，儿童龋齿率达40%。在广东省韶关大宝山矿区附近上坝村，由于长期使用有毒废水灌溉，造成严重的土壤重金属污染，导致水稻体内镉含量超过国家标准的5倍，蔬菜、水果中镉也全部超标，其中香蕉镉超标高达187倍。更令人心痛的是，生存环境的严重污染使该村村民健康受到严重损害，皮肤病、肝病、癌症高发，214人死于癌症。诸如此类的土壤污染与健康问题在我国的其他一些省份都有发生。除了土壤重金属污染外，还存在矿区土壤酸化、爆炸物污染等复合环境问题。

（4）油田区土壤污染由来已久，长期威胁着环境安全和生态系统健康

油田区土壤长期受到原油、油泥和石油废水等污染。目前，我国油田区土壤污染面积约有480万hm^2，占油田开采区面积的20%～30%，最高的土壤含油量超过环境背景值的1000倍。有的油田区长期积存未经处理的含油污泥为主的石油固体废物，堆放量超过300万t，已成为油田区土壤污染的主要来源。土壤中石油类污染物组分复杂，主要有C15～C36的烷烃、烯烃、苯系物、多环芳烃、酯类等，其中美国规定的优先控制污染物多达30余种。我国油田区广泛存在的石油污染土壤，引起土壤结构与性质改变、植被破坏、微生物群落变化、土壤酶活性降低、水体污染等，严重影响了土地的使用功能，带来环境风险和生态健康问题。

（5）土壤放射性核素污染显露，具有潜在的生态、健康和环境迁移的风险

铀矿区、核试验区、核废料处置及稀土废弃物堆放场地等放射性污染的环境风险已受到关注。我国自20世纪60年代以来，经历了铀矿开采、加工以及核武器发展的历程，核废料处置以及核试验场的环境风险可能存在。近年来，随着我国核电产业的发展，其矿山开采、选矿、水冶、尾矿、核材料加工、核燃料处置等场所给环境带来的放射性危害有所显露。随着我国核电装机容量的增加、核废料量的增多，安全处理处置日显迫切。我国是世界上拥有稀土资源最多

的国家，安全处置过去积累、现在堆放和未来产生的稀土废弃物已成为现实需求。放射性污染物质的地面迁移可以污染附近土壤及地下水，随着沙尘漂移可能影响更大的范围。

（6）土壤生物性污染凸现，存在生态安全和人体健康危害的隐患

病原菌、病毒、原虫和蠕虫类等致病性生物侵入土壤并大量繁殖，可以破坏土壤生态平衡，引起土壤质量下降，对地下水、饮用水源、动植物和人体健康造成不良影响。污水灌溉和垃圾、污泥、粪便的农用，可将大量细菌、病原体和寄生虫卵带入土壤；大气中携带病原体的漂浮物和生物气溶胶等也可以通过沉降进入土壤引起生物性污染；病畜尸体随意掩埋或处理不当，更易引起土壤生物污染并扩大疾病的传播。病原菌在条件适宜时可以土壤为媒介传播，引起人和动物传染病的发生。土壤一旦被这些病原菌污染，则可成为疫源地，随时都有可能使人和动物感染相应的传染病。土壤中已发现多种可能引起人类致病的细菌和植物病毒。需要研究土壤传染性细菌和病毒污染过程与机制，发展研究方法和污染治理修复技术。

（7）新兴污染物增多，可能带来新的环境风险与健康影响

新兴污染物可以是新出现的污染物（如药品和个人护理用品，简称PPCPs），也可以是一直存在但是现在受到全球关注的污染物（如锑、汞）。随着环境分析技术的提高和人们环保意识的增强，环境中新型微量污染物受到了广泛关注。近10年来，在不同国家和地区的水体、污水中检测到了ng/L～mg/L水平的PPCPs。水环境中所检测出的药品种类超过80种，个别地方的饮用水中也检测到ng/L水平的药品剩余物。土壤中PPCPs来源于人群的使用和排泄、养殖场排放及PPCPs制造厂废弃物等。其中，畜禽养殖粪肥的农用和污水灌溉被认为是土壤PPCPs污染的重要途径。据报道，在某规模化养殖场周边菜地土壤中四环素类抗生素检出率高达80%以上，并且其含量比一般蔬菜基地、无公害蔬菜基地及绿色蔬菜基地土壤更高。我国已经关注污泥中重金属、POPs和生物性污染物的土壤环境风险，但对于污泥中PPCPs含量变化及其在土壤中归趋与风险研究还鲜见报道。除PPCPs外，另一些污染物如新兴POPs、爆炸物、化学武器、汞等的环境风险也需要关注。

（8）土壤复合或混合污染加剧，危害加重，治理难度加大

近年的区域土壤污染调查表明，长江三角洲地区存在一些高风险污染农田，不仅存在农田土壤重金属或POPs的单一和复合污染，而且存在农田土壤重金属与残留农药、多环芳烃和多氯联苯的混合污染。在一些矿区土壤受重金属、有机污染物、酸等复合污染。在设施农业发展过程中，过量化肥和农药的使用所带来的不仅是产量的增加，而且也导致了农产品质量下降；设施农业土壤中养分过剩、次生盐渍化、酸化问题已经与重金属、农药、酞酸酯、抗生素等有机物污染问题叠合共存，制约了设施农业的持续健康发展。多种污染源、污染途径和污染物的同时出现，造成土壤复合或混合污染面积扩大，污染类型多样化，污染危害加重，治理修复难度加大。

4.1.2.3　污染的原因

人为活动产生的污染物进入土壤并积累到一定程度，引起土壤质量恶化，进而造成农作物中某些指标超过国家标准的现象，称为土壤污染。污染物进入土壤的途径是多样的，废气中含

有的污染物质，特别是颗粒物，在重力作用下沉降到地面进入土壤；废水中携带大量污染物进入土壤；固体废物中的污染物直接进入土壤或其渗出液进入土壤。其中最主要的是污水灌溉带来的土壤污染。农药、化肥的大量使用，造成土壤有机质含量下降，土壤板结，也是土壤污染的来源之一。土壤污染除导致土壤质量下降、农作物产量和品质下降外，更为严重的是土壤对污染物具有富集作用，一些毒性大的污染物，如汞、镉等富集到作物果实中，人或牲畜食用后发生中毒。如我国辽宁沈阳某灌区由于长期引用工业废水灌溉，导致土壤和稻米中重金属镉含量超标，人畜不能食用。土壤不能再作为耕地，只能改作他用。

土壤环境是一个系统，由土壤的内部环境、外部环境及其界面环境组成。土壤环境是一个活系统，存在物质循环、能量交换和生命体代谢繁衍。当今，处于地球陆地表层的土壤环境系统不仅具有自然的特征，而且因深受人类活动的冲击而同时具有人为的烙印。自然作用和人为影响的结果产生3类土壤环境系统问题：一是与土俱来的，由土壤内源性物质引起，如铝毒、盐碱化等，可以产生土壤肥力障碍与粮食安全问题；二是由于外源性物质进入土壤内部环境后造成的，包括物理性（如固体废弃物等侵入体）、化学性（如农药等合成化学品）、生物性（如病原菌）等外源性物质，可以引起土壤污染与安全健康问题；三是在土壤内部环境的物理、化学、生物迁移转化过程中出现的，或是土壤外部环境水、大气等污染物迁入引起的，如连作障碍、温室气体、毒害中间产物、粉尘沉降等，可以带来与土壤质量相关的农业、生态、环境、气候变化方面的新问题。可见，土壤内部环境污染是土壤环境系统问题之一，但是可能伴随着对外部环境——水、气、生物、人污染危害的风险，影响区域生态安全、国家环境安全和全球变化。

随着工业化、城市化、农业集约化的快速发展以及全球变化的日益加剧，我国土壤环境污染退化已表现出多源、复合、量大、面广、持久、毒害的现代环境污染特征，正从常量污染物转向微量持久性毒害污染物和新兴污染物，并与土壤肥力障碍、温室气体排放叠合共存，这在经济快速发展地区尤其如此。

（1）工业"三废"和交通废物排放进入土壤产生污染

高耗能、高物耗的粗放型经济增长方式产生、排放各种大量的废弃物，特别是工业"三废"，使毒害污染物通过多途径进入且积累于土壤。1981～2003年，全国累计废水排放总量达到8367亿t，其中生活污水排放总量3097亿t，工业废水排放总量5214亿t，工业废水中含大量的铅、镉、铬、汞、砷、氰化物、石油类、酚等污染物；全国废气中二氧化硫排放总量37741万t，工业废气中烟尘排放总量31816万t，工业粉尘排放总量20758万t；全国固体废弃物产生量144.6亿t，其中堆存量39.3亿t，占用大量土地。在一些经济快速发展地区，污染负荷更是居高不下。随着我国经济快速发展，汽车保有量快速增长，交通废物排放带来的土壤污染问题不容乐观。含铅汽油、润滑油的燃烧，汽车轮胎、引擎、刹车里衬的机械磨损不仅排放铅、锌、铜、镉等重金属，同时汽车尾气中也含有苯并[a]芘等有机污染物。机动车辆排放的污染物，或直接沉积在路面灰尘中，或通过干湿沉降在公路两侧土壤中，导致城市公路两侧土壤出现不同程度的污染物积累。

（2）农用化学品大量使用，积累于耕地土壤中

除传统农药残留外，农用化学物质的高强度投入是造成农田和菜地土壤污染的重要原因。据统计，近年来我国化肥年施用总量约为6300万t，占世界总量的22%，有10多个省的平均施用量超过了国际公认的上限（225kg/hm²），有的高达400kg/hm²；农药施用量高出发达国家1倍，农药年施用总量达190万t；农用塑料薄膜年使用总量为220万t。饲料中使用各类添加剂，致使畜禽有机肥含有较多的污染物质（如重金属、抗生素及动物生长激素等），导致耕地土壤污染。

（3）土地利用方式迅速改变导致土壤污染面积扩大

随着城市化的发展，原有城市工业用地、仓储用地、生活垃圾用地及其他污染场地，未经治理修复而改变用地方式，成为威胁居民健康的城市污染场地。农业集约化过程中，不少地区将优质农田改为集约化畜禽、水产养殖场以及蔬菜种植和大面积花木栽植基地，因土壤环境管理不善，造成土壤污染。我国生活垃圾产生量逐年增加并占用了大量土地，许多城市及城郊陷入垃圾重围之中。电子垃圾粗放式回收利用过程导致多种微量毒害污染物排放，通过多途径进入农田，造成土壤复合污染及酸化。城市化、农业集约化过程中不当的土地利用方式及污染物排放，扩大了土壤污染范围，对土壤环境安全构成了潜在威胁。

（4）土壤环境保护监管能力不足，科学研究重视不够，导致土壤环境污染加剧

相对于大气和水环境保护而言，人们对土壤环境的保护意识更为薄弱。土壤环境信息交流有限，公众对土壤污染多样性、严重性和危害性的认识不足。目前，缺少全国范围的各类场地土壤污染的详细调查研究工作，尚难以全面掌握我国土壤污染的清单、类型、来源、分布、范围、程度、成因与态势，因而也难以针对性地制定我国土壤污染防治政策和监管体系。土壤环境科学、技术和工程研究的投入严重不足，土壤污染评价指标与标准体系有待修订，土壤污染风险评估和控制修复技术体系有待形成，土壤污染防治法有待建立。土壤环境监管能力薄弱，难以有效地防控修复土壤污染，致使土壤污染加剧。

4.2 土壤环境治理技术

4.2.1 物理治理技术

物理修复是指通过各种物理过程将污染物（特别是有机污染物）从土壤中去除或分离的技术。热处理技术是应用于工业企业场地土壤有机污染的主要物理修复技术，包括热脱附、微波加热和蒸气浸提等技术，已经应用于苯系物、多环芳烃、多氯联苯和二英等污染土壤的修复。

4.2.1.1 热脱附技术

热脱附是用直接或间接的热交换，加热土壤中有机污染组分到足够高的温度，使其蒸发并与土壤介质相分离的过程。热脱附技术具有污染物处理范围宽、设备可移动、修复后土壤可再利用等优点，特别对PCBs这类含氯有机物，非氧化燃烧的处理方式可以显著减少二噁英生成。目前欧美国家已将土壤热脱附技术工程化，广泛应用于高污染的场地有机污染土壤的离位或原位修复，但是诸如相关设备价格昂贵、脱附时间过长、处理成本过高等问题尚未得到很好解

决，限制了热脱附技术在持久性有机污染土壤修复中的应用。发展不同污染类型土壤的前处理和脱附废气处理等技术，优化工艺并研发相关的自动化成套设备是未来共同努力的方向。

4.2.1.2　蒸气浸提技术

土壤蒸气浸提（简称SVE）技术是去除土壤中挥发性有机污染物（VOCs）的一种原位修复技术。它将新鲜空气通过注射井注入污染区域，利用真空泵产生负压，空气流经污染区域时，解吸并夹带土壤孔隙中的VOCs经由抽取井流回地上；抽取出的气体在地上经过活性炭吸附法以及生物处理法等净化处理，可排放到大气或重新注入地下循环使用。SVE具有成本低、可操作性强、可采用标准设备、处理有机物的范围宽、不破坏土壤结构和不引起二次污染等优点。苯系物等轻组分石油烃类污染物的去除率可达90%。深入研究土壤多组分VOCs的传质机理，精确计算气体流量和流速，解决气提过程中的拖尾效应，降低尾气净化成本，提高污染物去除效率，是优化土壤蒸气浸提技术的需要。

4.2.1.3　物理-化学联合修复技术

土壤物理-化学联合修复技术是适用于污染土壤离位处理的修复技术。溶剂萃取-光降解联合修复技术是利用有机溶剂或表面活性剂提取有机污染物后进行光解的一项新的物理-化学联合修复技术。例如，可以利用环己烷和乙醇将污染土壤中的多环芳烃提取出来后进行光催化降解。此外，可以利用Pd Rh支持的催化-热脱附联合技术或微波热解-活性炭吸附技术修复多氯联苯污染土壤；也可以利用光调节的TiO_2催化修复农药污染土壤。

4.2.2　化学治理技术

相对于物理修复，污染土壤的化学修复技术发展较早，主要有土壤固化-稳定化技术、淋洗技术、氧化-还原技术、光催化降解技术和电动力学修复等。化学预氧化-生物降解和臭氧氧化-生物降解等联合技术已经应用于污染土壤中多环芳烃的修复。电动力学-微生物修复技术可以克服单独的电动技术或生物修复技术的缺点，在不破坏土壤质量的前提下，加快土壤修复进程。电动力学-芬顿联合技术已用来去除污染黏土矿物中的菲，硫氧化细菌与电动综合修复技术用于强化污染土壤中铜的去除。应用光降解-生物联合修复技术可以提高石油中PAHs污染物的去除效率。总体上，这些技术多处于室内研究的阶段。

4.2.2.1　固化-稳定化技术

固化-稳定化技术是将污染物在污染介质中固定，使其处于长期稳定状态，是较普遍应用于土壤重金属污染的快速控制修复方法，对同时处理多种重金属复合污染土壤具有明显的优势。该处理技术的费用比较低廉，对一些非敏感区的污染土壤可大大降低场地污染治理成本。常用的固化稳定剂有飞灰、石灰、沥青和硅酸盐水泥等，其中水泥应用最为广泛。在美国的非有机物污染的超级基金项目中大部分采用固化-稳定化技术处理。我国一些冶炼企业场地重金属污染土壤和铬渣清理后的堆场污染土壤也采用了这种技术。国际上已有利用水泥固化-稳定化处理有机与无机污染土壤的报道。目前，需要加强有机污染土壤的固化-稳定化技术研发、新型可持续稳定化修复材料的研制及其长期安全性监测评估方法的研究。

4.2.2.2　淋洗技术

土壤淋洗修复技术是将水或含有冲洗助剂的水溶液、酸碱溶液、络合剂或表面活性剂等淋洗剂注入污染土壤或沉积物中，洗脱和清洗土壤中的污染物的过程。淋洗的废水经处理后达标排放，处理后的土壤可以再安全利用。这种离位修复技术在多个国家已被工程化应用于修复重金属污染或多污染物混合污染介质。由于该技术需要用水，所以修复场地要求靠近水源，同时因需要处理废水而增加成本。研发高效、专性的表面增溶剂，提高修复效率，降低设备与污水处理费用，防止二次污染等依然是重要的研究课题。

4.2.2.3　氧化−还原技术

土壤化学氧化−还原技术是通过向土壤中投加化学氧化剂（Fenton试剂、臭氧、过氧化氢、高锰酸钾等）或还原剂（SO_2、FeO、气态H_2S等），使其与污染物质发生化学反应来实现净化土壤的目的。通常，化学氧化法适用于土壤和地下水同时被有机物污染的修复。运用化学还原法修复对还原作用敏感的有机污染物是当前研究的热点。例如，纳米零价铁的强脱氯作用已被接受和运用于土壤与地下水的修复。但是，目前零价铁还原脱氯降解含氯有机化合物技术的应用还存在诸如铁表面活性的钝化、被土壤吸附产生聚合失效等问题，需要开发新的催化剂和表面激活技术。

4.2.2.4　光催化降解技术

土壤光催化降解（光解）技术是一项新兴的深度土壤氧化修复技术，可应用于农药等污染土壤的修复。土壤质地、粒径、氧化铁含量、土壤水分、土壤pH值和土壤厚度等对光催化氧化有机污染物有明显的影响：高孔隙度的土壤中污染物迁移速率快，黏粒含量越低光解越快；自然土中氧化铁对有机物光解起着重要调控作用；有机质可以作为一种光稳定剂；土壤水分能调解吸收光带；土壤厚度影响滤光率和入射光率。

4.2.2.5　电动力学修复

电动力学修复（简称电动修复）是通过电化学和电动力学的复合作用（电渗、电迁移和电泳等）驱动污染物富集到电极区，进行集中处理或分离的过程。电动修复技术已进入现场修复应用。近年来，我国也先后开展了铜、铬等重金属、菲和五氯酚等有机污染土壤的电动修复技术研究。电动修复速度较快、成本较低，特别适用于小范围的黏质的多种重金属污染土壤和可溶性有机物污染土壤的修复；对于不溶性有机污染物，需要化学增溶，易产生二次污染。发展电动强化的复合污染土壤联合修复技术将是值得研究的课题。

4.2.3　生物治理技术

4.2.3.1　微生物修复技术

微生物能以有机污染物为唯一碳源和能源或者与其他有机物质进行共代谢而降解有机污染物。利用微生物降解作用发展的微生物修复技术是农田土壤污染修复中常见的一种修复技术。这种生物修复技术已在农药或石油污染土壤中得到应用。在我国，已构建了农药高效降解菌筛选技术、微生物修复剂制备技术和农药残留微生物降解田间应用技术；也筛选了大量的石油烃降解菌，复配了多种微生物修复菌剂，研制了生物修复预制床和生物泥浆反应器，提出了生物修复模式。近年来，开展了有机胂和持久性有机污染物如多氯联苯和多环芳烃污染土壤的微生物修复技术工作。分离到能将PAHs作为唯一碳源的微生物如假单胞菌属、黄杆菌属等，以及可以通过共代谢方式对4环以上PAHs加以降解的白腐菌等。建立了菌根真菌强化紫花苜蓿根际修复多环芳烃的技术和污染农田土壤的固氮植物−根瘤菌−菌根真菌联合生物修复技术。总体上，微生物修复研究工作主要体现在筛选和驯化特异性高效降解微生物菌株，提高功能微生物在土壤中的活性、寿命和安全性，以及修复过程参数的优化和养分、温度、湿度等关键因子的调控等方面。微生物固定化技术因能保障功能微生物在农田土壤条件下种群与数量的稳定性和显著提高修复效率而受到青睐。通过添加菌剂和优化作用条件发展起来的场地污染土壤原位、异位微生物修复技术有：生物堆沤技术、生物预制床技术、生物通风技术和生物耕作技术等。运用连续式或非连续式生物反应器、添加生物表面活性剂和优化环境条件等可提高微生物修复过程的可控性和高效性。目前，正在发展微生物修复与其他现场修复工程的嫁接和移植技术，以及针对性强、高效快捷、成本低廉的微生物修复设备，以实现微生物修复技术的工程化应用。协同两种或以上修复方法，形成联合修复技术，不仅可以提高单一污染土壤的修复速率与效率，而且可以克服单项修复技术的局限性，实现对多种污染物复合或混合污染土壤的修复，已成为土壤修复技术中的重要研究内容。为统筹协调全国土壤污染防治工作，定期研究解决重大问题，建立全国土壤污染防治工作协调机制，初步考虑，成立由环境保护部、发展改革委、科技部、工业和信息化部、财政部、国土资源部、住房和城乡建设部、水利部、农业部、质检总局、林业局、法制办等部门组成的土壤污染防治部际协调小组。

修复多环芳烃、多氯联苯和石油烃的研究工作，但有机污染土壤植物修复技术的田间研究还很少，对炸药、放射性核素污染土壤的植物修复研究则更少。植物修复技术不仅应用于农田土壤中污染物的去除，而且同时应用于人工湿地建设、填埋场表层覆盖与生态恢复、生物栖身地重建等。近年来，植物稳定修复技术被认为是一种更易接受、大范围应用并利于矿区边际土壤生态恢复的植物技术，也被视为一种植物固碳技术和生物质能源生产技术；为寻找多污染物复合或混合污染土壤的净化方案，分子生物学和基因工程技术应用于发展植物杂交修复技术；利用植物的根圈阻隔作用和作物低积累作用，发展可降低农田土壤污染的食物链风险的植物修复技术。

4.2.3.2 微生物−动物−植物联合修复技术

微生物（细菌、真菌）−植物、动物（蚯蚓）−植物联合修复是土壤生物修复技术研究的新内容。筛选有较强降解能力的菌根真菌和适宜的共生植物是菌根生物修复的关键。种植紫花苜蓿可以大幅度降低土壤中多氯联苯浓度。根瘤菌和菌根真菌双接种能强化紫花苜蓿对多氯联苯的修复作用。利用能促进植物生长的根际细菌或真菌，发展植物−降解菌群协同修复、动物−微生物协同修复及其根际强化技术，促进有机污染物的吸收、代谢和降解将是生物修复技术新的研究方向。

4.2.3.3　植物修复技术

从20世纪80年代问世以来，利用植物资源与净化功能的植物修复技术迅速发展。植物修复技术包括利用植物超积累或积累性功能的植物吸取修复技术、利用植物根系控制污染扩散和恢复生态功能的植物稳定修复技术、利用植物代谢功能的植物降解修复技术、利用植物转化功能的植物挥发修复技术、利用植物根系吸附的植物过滤修复技术等。可被植物修复的污染物有重金属、农药、石油和持久性有机污染物、炸药、放射性核素等。其中，重金属污染土壤的植物吸取修复技术在国内外都得到了广泛研究，已经应用于砷、镉、铜、锌、镍、铅等重金属以及与多环芳烃复合污染土壤的修，并发展出包括络合诱导强化修复、不同植物套作联合修复、修复后植物处理处置的成套集成技术。这种技术的应用关键在于筛选具有高产和高去污能力的植物，摸清植物对土壤条件和生态环境的适应性。

近年来，在重金属污染农田土壤的植物吸取修复技术应用方面我国在一定程度上开始引领国际前沿研究方向。开展了苜蓿、黑麦草等植物的修复研究。目标土壤修复的环境功能材料的研制及其应用技术还刚刚起步，具有发展前景。但是，对这些物质在土壤中的分配、反应、行为、归趋及生态毒理等尚缺乏了解，对其环境安全性和生态健康风险还难以进行科学评估。基于环境功能修复材料的土壤修复技术的应用条件、长期效果、生态影响和环境风险有待评估。

4.2.4　综合治理技术

4.2.4.1　化学-物化-生物联合修复技术

发挥化学或物理化学修复的快速优势，结合非破坏性的生物修复特点，发展基于化学-生物修复技术是最具应用潜力的污染土壤修复方法之一。化学淋洗-生物联合修复是基于化学淋溶剂作用，通过增加污染物的生物可利用性而提高生物修复效率。利用有机络合剂的配位溶出，增加土壤溶液中重金属浓度，提高植物有效性，从而强化诱导植物吸取。

4.2.4.2　绿色与环境友好的土壤生物修复技术

利用太阳能和自然植物资源的植物修复、土壤中高效专性微生物资源的微生物修复、土壤中不同营养层食物网的动物修复、基于监测的综合土壤生态功能的自然修复，将是21世纪土壤环境修复科学技术研发的主要方向。农田土壤污染的修复技术要求能原位有效消除影响到粮食生产和农产品质量的微量有毒有害污染物，同时既不能破坏土壤肥力和生态环境功能，又不能导致二次污染的发生。发展绿色、安全、环境友好的土壤生物修复技术能满足这些需求，并能适用于大面积污染农地土壤的治理，具有技术和经济上的双重优势。从常规作物中筛选合适的修复品种，发展适用于不同土壤类型和条件的根际生态修复技术已成为一种趋势。应用生物工程技术如基因工程、酶工程、细胞工程等发展土壤生物修复技术，有利于提高治理速率与效率，具有应用前景。

4.2.4.3　原位综合土壤修复技术

将污染土壤挖掘、转运、堆放、净化、再利用是一种经常采用的离场异位修复过程。这种异位修复不仅处理成本高，而且很难治理深层土壤及地下水均受污染的场地，不能修复建筑物下面的污染土壤或紧靠重要建筑物的污染场地。因而，发展多种原位修复技术以满足不同污染场地修复的需求就成为近年来的一种趋势。例如，原位蒸气浸提技术、原位固定-稳定化技术、原位生物修复技术、原位纳米零价铁还原技术等。另一趋势是发展基于监测的发挥土壤综合生态功能的原位自然修复。

4.2.4.4 环境功能材料修复技术

黏土矿物改性技术、催化剂催化技术、纳米材料与技术已经渗透到土壤环境和农业生产领域，并应用于污染土壤环境修复，例如利用纳米铁粉、氧化钛等去除污染土壤和地下水中的有机氯污染物。

4.3 城乡土壤环境保护规划

4.3.1 保护的目标和指标

立足我国国情和发展阶段，着眼经济社会发展全局，以改善土壤环境质量为核心，以保障农产品质量和人居环境安全为出发点，坚持预防为主、保护优先、风险管控，突出重点区域、行业和污染物，实施分类别、分用途、分阶段治理，严控新增污染、逐步减少存量，形成政府主导、企业担责、公众参与、社会监督的土壤污染防治体系，促进土壤资源永续利用，为建设"蓝天常在、青山常在、绿水常在"的美丽中国而奋斗。

目前全国土壤污染加重趋势得到初步遏制，土壤环境质量总体保持稳定，农用地和建设用地土壤环境安全得到基本保障，土壤环境风险得到基本管控。到2030年，全国土壤环境质量稳中向好，农用地和建设用地土壤环境安全得到有效保障，土壤环境风险得到全面管控。到21世纪中叶，土壤环境质量全面改善，生态系统实现良性循环。到2020年，受污染耕地安全利用率达到90%左右，污染地块安全利用率达到90%以上。到2030年，受污染耕地安全利用率达到95%以上，污染地块安全利用率达到95%以上。

4.3.2 规划背景

深入开展土壤环境质量调查。在现有相关调查基础上，以农用地和重点行业企业用地为重点，开展土壤污染状况详查，查明农用地土壤污染的面积、分布及其对农产品质量的影响；掌握重点行业企业用地中的污染地块分布及其环境风险情况。制定详查总体方案和技术规定，开展技术指导、监督检查和成果审核。

系统梳理土壤环境质量信息。利用环境保护、国土资源、农业等部门相关数据，建立土壤环境基础数据库，构建全国土壤环境信息化管理平台，力争2018年底前完成。借助移动互联网、物联网等技术，拓宽数据获取渠道，实现数据动态更新。加强数据共享，编制资源共享目录，明确共享权限和方式，发挥土壤环境大数据在污染防治、城乡规划、土地利用、农业生产中的作用。

整理分析土壤环境保护法规标准。对相关污染防治、城乡规划、土地管理、农产品质量安全相关法律法规，增加土壤污染防治有关内容。污染地块土壤环境管理办法、农用地土壤环境管理办法。农药包装废弃物回收处理、工矿用地土壤环境管理、废弃农膜回收利用等部门规章，法律法规体系基本建立。对现有肥料、饲料、灌溉用水中有毒有害物质限量和农用污泥中污染物控制等标准，进一步严格污染物控制要求；修订农膜标准，提高厚度要求，研究制定可降解农膜标准；修订农药包装标准，增加防止农药包装废弃物污染土壤的要求。适时修订污染物排放标准，进一步明确污染物特别排放限值要求。完善土壤中污染物分析测试方法，研制土壤环境标准样品。各地可制定严于国家标准的地方土壤环境质量标准。

重点监测土壤中镉、汞、砷、铅、铬等重金属和多环芳烃、石油烃等有机污染物，重点监管有色金属矿采选、有色金属冶炼、石油开采、石油加工、化工、焦化、电镀、制革等行业，以及产粮（油）大县、地级以上城市建成区等区域。

4.3.3 保护措施

4.3.3.1 实施农用地分类管理，保障农业生产环境安全

划定农用地土壤环境质量类别。按污染程度将农用地划为三个类别，未污染和轻微污染的划为优先保护类，轻度和中度污染的划为安全利用类，重度污染的划为严格管控类，以耕地为重点，分别采取相应管理措施，保障农产品质量安全。2017年底前，发布农用地土壤环境质量类别划分技术指南。以土壤污染状况详查结果为依据，开展耕地土壤和农产品协同监测与评价，在试点基础上有序推进耕地土壤环境质量类别划定，逐步建立分类清单，2020年底前完成。划定结果由各省级人民政府审定，数据上传全国土壤环境信息化管理平台。根据土地利用变更和土壤环境质量变化情况，定期对各类别耕地面积、分布等信息进行更新。有条件的地区要逐步开展林地、草地、园地等其他农用地土壤环境质量类别划定等工作。

切实加大保护力度。各地要将符合条件的优先保护类耕地划为永久基本农田，实行严格保护，确保其面积不减少、土壤环境质量不下降，除法律规定的重点建设项目选址确实无法避让外，其他任何建设不得占用。产粮（油）大县要制定土壤环境保护方案。高标准农田建设项目向优先保护类耕地集中的地区倾斜。推行秸秆还田、增施有机肥、少耕免耕、粮豆轮作、农膜减量与回收利用等措施。继续开展黑土地保护利用试点。农村土地流转的受让方要履行土壤保护的责任，避免因过度施肥、滥用农药等掠夺式农业生产方式造成土壤环境质量下降。各省级人民政府要对本行政区域内优先保护类耕地面积减少或土壤环境质量下降的县（市、区），进行预警提醒并依法采取环评限批等限制性措施。

防控企业污染。严格控制在优先保护类耕地集中区域新建有色金属冶炼、石油加工、化工、焦化、电镀、制革等行业企业，现有相关行业企业要采用新技术、新工艺，加快提标升级改造步伐。

着力推进安全利用。根据土壤污染状况和农产品超标情况，安全利用类耕地集中的县（市、区）要结合当地主要作物品种和种植习惯，制定实施受污染耕地安全利用方案，采取农艺调控、替代种植等措施，降低农产品超标风险。强化农产品质量检测。加强对农民、农民合

作社的技术指导和培训。2017年底前，出台受污染耕地安全利用技术指南。到2020年，轻度和中度污染耕地实现安全利用的面积达到4000万亩。

全面落实严格管控。加强对严格管控类耕地的用途管理，依法划定特定农产品禁止生产区域，严禁种植食用农产品；对威胁地下水、饮用水水源安全的，有关县（市、区）要制定环境风险管控方案，并落实有关措施。研究将严格管控类耕地纳入国家新一轮退耕还林还草实施范围，制定实施重度污染耕地种植结构调整或退耕还林还草计划。继续在湖南长株潭地区开展重金属污染耕地修复及农作物种植结构调整试点。实行耕地轮作休耕制度试点。到2020年，重度污染耕地种植结构调整或退耕还林还草面积力争达到2000万亩。

加强林地草地园地土壤环境管理。严格控制林地、草地、园地的农药使用量，禁止使用高毒、高残留农药。完善生物农药管理制度，加大使用推广力度。优先将重度污染的牧草地集中区域纳入禁牧休牧实施范围。加强对重度污染林地、园地产出食用农（林）产品质量检测，发现超标的，要采取种植结构调整等措施。

4.3.3.2 实施建设用地准入管理，防范人居环境风险

明确管理要求。建立调查评估制度。2016年底前，发布建设用地土壤环境调查评估技术规定。自2017年起，对拟收回土地使用权的有色金属冶炼、石油加工、化工、焦化、电镀、制革等行业企业用地，以及用途拟变更为居住和商业、学校、医疗、养老机构等公共设施的上述企业用地，由土地使用权人负责开展土壤环境状况调查评估；已经收回的，由所在地市、县级人民政府负责开展调查评估。自2018年起，重度污染农用地转为城镇建设用地的，由所在地市、县级人民政府负责组织开展调查评估。调查评估结果向所在地环境保护、城乡规划、国土资源部门备案。

分用途明确管理措施。自2017年起，各地要结合土壤污染状况详查情况，根据建设用地土壤环境调查评估结果，逐步建立污染地块名录及其开发利用的负面清单，合理确定土地用途。符合相应规划用地土壤环境质量要求的地块，可进入用地程序。暂不开发利用或现阶段不具备治理修复条件的污染地块，由所在地县级人民政府组织划定管控区域，设立标识，发布公告，开展土壤、地表水、地下水、空气环境监测；发现污染扩散的，有关责任主体要及时采取污染物隔离、阻断等环境风险管控措施。

落实监管责任。地方各级城乡规划部门要结合土壤环境质量状况，加强城乡规划论证和审批管理。地方各级国土资源部门要依据土地利用总体规划、城乡规划和地块土壤环境质量状况，加强土地征收、收回、收购以及转让、改变用途等环节的监管。地方各级环境保护部门要加强对建设用地土壤环境状况调查、风险评估和污染地块治理与修复活动的监管。建立城乡规划、国土资源、环境保护等部门间的信息沟通机制，实行联动监管。

严格用地准入。将建设用地土壤环境管理要求纳入城市规划和供地管理，土地开发利用必须符合土壤环境质量要求。地方各级国土资源、城乡规划等部门在编制土地利用总体规划、城市总体规划、控制性详细规划等相关规划时，应充分考虑污染地块的环境风险，合理确定土地用途。

4.3.3.3 强化未污染土壤保护，严控新增土壤污染

加强未利用地环境管理。按照科学有序原则开发利用未利用地，防止造成土壤污染。拟开发为农用地的，有关县（市、区）人民政府要组织开展土壤环境质量状况评估；不符合相应标准的，不得种植食用农产品。各地要加强纳入耕地后备资源的未利用地保护，定期开展巡查。依法严查向沙漠、滩涂、盐碱地、沼泽地等非法排污、倾倒有毒有害物质的环境违法行为。加强对矿山、油田等矿产资源开采活动影响区域内未利用地的环境监管，发现土壤污染问题的，要及时督促有关企业采取防治措施。推动盐碱地土壤改良，自2017年起，逐渐开展利用燃煤电厂脱硫石膏改良盐碱地试点。

防范建设用地新增污染。排放重点污染物的建设项目，在开展环境影响评价时，要增加对土壤环境影响的评价内容，并提出防范土壤污染的具体措施；需要建设的土壤污染防治设施，要与主体工程同时设计、同时施工、同时投产使用；有关环境保护部门要做好有关措施落实情况的监督管理工作。自2017年起，有关地方人民政府要与重点行业企业签订土壤污染防治责任书，明确相关措施和责任，责任书向社会公开。

强化空间布局管控。加强规划区划和建设项目布局论证，根据土壤等环境承载能力，合理确定区域功能定位、空间布局。鼓励工业企业集聚发展，提高土地节约集约利用水平，减少土壤污染。严格执行相关行业企业布局选址要求，禁止在居民区、学校、医疗和养老机构等周边新建有色金属冶炼、焦化等行业企业；结合推进新型城镇化、产业结构调整和化解过剩产能等，有序搬迁或依法关闭对土壤造成严重污染的现有企业。结合区域功能定位和土壤污染防治需要，科学布局生活垃圾处理、危险废物处置、废旧资源再生利用等设施和场所，合理确定畜禽养殖布局和规模。

4.3.3.4 加强污染源监管，做好土壤污染预防工作

严控工矿污染。加强日常环境监管。各地要根据工矿企业分布和污染排放情况，确定土壤环境重点监管企业名单，实行动态更新，并向社会公布。列入名单的企业每年要自行对其用地进行土壤环境监测，结果向社会公开。有关环境保护部门要定期对重点监管企业和工业园区周边开展监测，数据及时上传全国土壤环境信息化管理平台，结果作为环境执法和风险预警的重要依据。适时修订国家鼓励的有毒有害原料（产品）替代品目录。加强电器电子、汽车等工业产品中有害物质控制。有色金属冶炼、石油加工、化工、焦化、电镀、制革等行业企业拆除生产设施设备、构筑物和污染治理设施，要事先制定残留污染物清理和安全处置方案，并报所在地县级环境保护、工业和信息化部门备案；要严格按照有关规定实施安全处理处置，防范拆除活动污染土壤。2017年底前，发布企业拆除活动污染防治技术规定。

严防矿产资源开发污染土壤。自2017年起，内蒙古、江西、河南、湖北、湖南、广东、广西、四川、贵州、云南、陕西、甘肃等省（区）矿产资源开发活动集中的区域，执行重点污染物特别排放限值。全面整治历史遗留尾矿库，完善覆膜、压土、排洪、堤坝加固等隐患治理和闭库措施。有重点监管尾矿库的企业要开展环境风险评估，完善污染治理设施，储备应急物资。加强对矿产资源开发利用活动的辐射安全监管，有关企业每年要对本矿区土壤进行辐射环

境监测。

加强涉重金属行业污染防控。严格执行重金属污染物排放标准并落实相关总量控制指标，加大监督检查力度，对整改后仍不达标的企业，依法责令其停业、关闭，并将企业名单向社会公开。继续淘汰涉重金属重点行业落后产能，完善重金属相关行业准入条件，禁止新建落后产能或产能严重过剩行业的建设项目。按计划逐步淘汰普通照明白炽灯。提高铅酸蓄电池等行业落后产能淘汰标准，逐步退出落后产能。制定涉重金属重点工业行业清洁生产技术推行方案，鼓励企业采用先进适用生产工艺和技术。2020年重点行业的重点重金属排放量要比2013年下降10%。

加强工业废物处理处置。全面整治尾矿、煤矸石、工业副产石膏、粉煤灰、赤泥、冶炼渣、电石渣、铬渣、砷渣以及脱硫、脱硝、除尘产生固体废物的堆存场所，完善防扬散、防流失、防渗漏等设施，制定整治方案并有序实施。加强工业固体废物综合利用。对电子废物、废轮胎、废塑料等再生利用活动进行清理整顿，引导有关企业采用先进适用加工工艺、集聚发展，集中建设和运营污染治理设施，防止污染土壤和地下水。自2017年起，在京津冀、长三角、珠三角等地区的部分城市开展污水与污泥、废气与废渣协同治理试点。

控制农业污染。合理使用化肥农药。鼓励农民增施有机肥，减少化肥使用量。科学施用农药，推行农作物病虫害专业化统防统治和绿色防控，推广高效低毒低残留农药和现代植保机械。加强农药包装废弃物回收处理，自2017年起，在江苏、山东、河南、海南等省份选择部分产粮（油）大县和蔬菜产业重点县开展试点；到2020年，推广到全国30%的产粮（油）大县和所有蔬菜产业重点县。推行农业清洁生产，开展农业废弃物资源化利用试点，形成一批可复制、可推广的农业面源污染防治技术模式。严禁将城镇生活垃圾、污泥、工业废物直接用作肥料。到2020年，全国主要农作物化肥、农药使用量实现零增长，利用率提高到40%以上，测土配方施肥技术推广覆盖率提高到90%以上。

加强废弃农膜回收利用。严厉打击违法生产和销售不合格农膜的行为。建立健全废弃农膜回收贮运和综合利用网络，开展废弃农膜回收利用试点；到2020年，河北、辽宁、山东、河南、甘肃等农膜使用量较高省份力争实现废弃农膜全面回收利用（农业部牵头，国家发展改革委、工业和信息化部、公安部、工商总局、供销合作总社等参与）。

强化畜禽养殖污染防治。严格规范兽药、饲料添加剂的生产和使用，防止过量使用，促进源头减量。加强畜禽粪便综合利用，在部分生猪大县开展种养业有机结合、循环发展试点。鼓励支持畜禽粪便处理利用设施建设，到2020年，规模化养殖场、养殖小区配套建设废弃物处理设施比例达到75%以上。

加强灌溉水水质管理。开展灌溉水水质监测。灌溉用水应符合农田灌溉水水质标准。对因长期使用污水灌溉导致土壤污染严重、威胁农产品质量安全的，要及时调整种植结构。

减少生活污染。建立政府、社区、企业和居民协调机制，通过分类投放收集、综合循环利用，促进垃圾减量化、资源化、无害化。建立村庄保洁制度，推进农村生活垃圾治理，实施农村生活污水治理工程。整治非正规垃圾填埋场。深入实施"以奖促治"政策，扩大农村环境连片整治范围。推进水泥窑协同处置生活垃圾试点。鼓励将处理达标后的污泥用于园林绿化。开展利用建筑垃圾生产建材产品等资源化利用示范。强化废氧化汞电池、镍镉电池、铅酸蓄电池和含汞荧光灯管、温度计等含重金属废物的安全处置。减少过度包装，鼓励使用环境标志产品。

4.3.3.5　开展污染治理与修复，改善区域土壤环境质量

明确治理与修复主体。按照"谁污染，谁治理"原则，造成土壤污染的单位或个人要承担治理与修复的主体责任。责任主体发生变更的，由变更后继承其债权、债务的单位或个人承担相关责任；土地使用权依法转让的，由土地使用权受让人或双方约定的责任人承担相关责任。责任主体灭失或责任主体不明确的，由所在地县级人民政府依法承担相关责任。

制定治理与修复规划。各省（区、市）要以影响农产品质量和人居环境安全的突出土壤污染问题为重点，制定土壤污染治理与修复规划，明确重点任务、责任单位和分年度实施计划，建立项目库，2017年底前完成。规划报环境保护部备案。京津冀、长三角、珠三角地区要率先完成。

有序开展治理与修复。确定治理与修复重点。各地要结合城市环境质量提升和发展布局调整，以拟开发建设居住、商业、学校、医疗和养老机构等项目的污染地块为重点，开展治理与修复。在江西、湖北、湖南、广东、广西、四川、贵州、云南等省份污染耕地集中区域优先组织开展治理与修复；其他省份要根据耕地土壤污染程度、环境风险及其影响范围，确定治理与修复的重点区域。到2020年，受污染耕地治理与修复面积达到1000万亩。

强化治理与修复工程监管。治理与修复工程原则上在原址进行，并采取必要措施防止污染土壤挖掘、堆存等造成二次污染；需要转运污染土壤的，有关责任单位要将运输时间、方式、线路和污染土壤数量、去向、最终处置措施等，提前向所在地和接收地环境保护部门报告。工程施工期间，责任单位要设立公告牌，公开工程基本情况、环境影响及其防范措施；所在地环境保护部门要对各项环境保护措施落实情况进行检查。工程完工后，责任单位要委托第三方机构对治理与修复效果进行评估，结果向社会公开。实行土壤污染治理与修复终身责任制，2017年底前，出台有关责任追究办法。

监督目标任务落实。各省级环境保护部门要定期向环境保护部报告土壤污染治理与修复工作进展；环境保护部要会同有关部门进行督导检查。各省（区、市）要委托第三方机构对本行政区域各县（市、区）土壤污染治理与修复成效进行综合评估，结果向社会公开。2017年底前，出台土壤污染治理与修复成效评估办法。

4.3.3.6　加大科技研发力度，推动环境保护产业发展

加强土壤污染防治研究。整合高等学校、研究机构、企业等科研资源，开展土壤环境基准、土壤环境容量与承载能力、污染物迁移转化规律、污染生态效应、重金属低积累作物和修复植物筛选，以及土壤污染与农产品质量、人体健康关系等方面基础研究。推进土壤污染诊断、风险管控、治理与修复等共性关键技术研究，研发先进适用装备和高效低成本功能材料（药剂），强化卫星遥感技术应用，建设一批土壤污染防治实验室、科研基地。优化整合科技计

划（专项、基金等），支持土壤污染防治研究。

加大适用技术推广力度。建立健全技术体系。综合土壤污染类型、程度和区域代表性，针对典型受污染农用地、污染地块，分批实施200个土壤污染治理与修复技术应用试点项目，2020年底前完成。根据试点情况，比选形成一批易推广、成本低、效果好的适用技术。

加快成果转化应用。完善土壤污染防治科技成果转化机制，建成以环保为主导产业的高新技术产业开发区等一批成果转化平台。2017年底前，发布鼓励发展的土壤污染防治重大技术装备目录。开展国际合作研究与技术交流，引进消化土壤污染风险识别、土壤污染物快速检测、土壤及地下水污染阻隔等风险管控先进技术和管理经验。

推动治理与修复产业发展。放开服务性监测市场，鼓励社会机构参与土壤环境监测评估等活动。通过政策推动，加快完善覆盖土壤环境调查、分析测试、风险评估、治理与修复工程设计和施工等环节的成熟产业链，形成若干综合实力雄厚的龙头企业，培育一批充满活力的中小企业。推动有条件的地区建设产业化示范基地。规范土壤污染治理与修复从业单位和人员管理，建立健全监督机制，将技术服务能力弱、运营管理水平低、综合信用差的从业单位名单通过企业信用信息公示系统向社会公开。发挥"互联网+"在土壤污染治理与修复全产业链中的作用，推进大众创业、万众创新。

4.3.3.7 发挥政府主导作用，构建土壤环境治理体系

强化政府主导，完善管理体制。按照"国家统筹、省负总责、市县落实"原则，完善土壤环境管理体制，全面落实土壤污染防治属地责任。探索建立跨行政区域土壤污染防治联动协作机制。

财政整合重金属污染防治专项资金等，设立土壤污染防治专项资金，用于土壤环境调查与监测评估、监督管理、治理与修复等工作。各地应统筹相关财政资金，通过现有政策和资金渠道加大支持，将农业综合开发、高标准农田建设、农田水利建设、耕地保护与质量提升、测土配方施肥等涉农资金，更多用于优先保护类耕地集中的县（市、区）。有条件的省（区、市）可对优先保护类耕地面积增加的县（市、区）予以适当奖励。统筹安排专项建设基金，支持企业对涉重金属落后生产工艺和设备进行技术改造。

完善激励政策。各地要采取有效措施，激励相关企业参与土壤污染治理与修复。研究制定扶持有机肥生产、废弃农膜综合利用、农药包装废弃物回收处理等企业的激励政策。在农药、化肥等行业，开展环保领跑者制度试点。

发挥市场作用。通过政府和社会资本合作（PPP）模式，发挥财政资金撬动功能，带动更多社会资本参与土壤污染防治。加大政府购买服务力度，推动受污染耕地和以政府为责任主体的污染地块治理与修复。积极发展绿色金融，发挥政策性和开发性金融机构引导作用，为重大土壤污染防治项目提供支持。鼓励符合条件的土壤污染治理与修复企业发行股票。探索通过发行债券推进土壤污染治理与修复，在土壤污染综合防治先行区开展试点。有序开展重点行业企业环境污染强制责任保险试点。

加强社会监督，推进信息公开。根据土壤环境质量监测和调查结果，适时发布全国土壤环

境状况。各省（区、市）人民政府定期公布本行政区域各地级市（州、盟）土壤环境状况。重点行业企业要依据有关规定，向社会公开其产生的污染物名称、排放方式、排放浓度、排放总量，以及污染防治设施建设和运行情况。

引导公众参与。实行有奖举报，鼓励公众通过"12369"环保举报热线、信函、电子邮件、政府网站、微信平台等途径，对乱排废水、废气、乱倒废渣、污泥等污染土壤的环境违法行为进行监督。有条件的地方可根据需要聘请环境保护义务监督员，参与现场环境执法、土壤污染事件调查处理等。鼓励种粮大户、家庭农场、农民合作社以及民间环境保护机构参与土壤污染防治工作。

推动公益诉讼。鼓励依法对污染土壤等环境违法行为提起公益诉讼。开展检察机关提起公益诉讼改革试点的地区，检察机关可以以公益诉讼人的身份，对污染土壤等损害社会公共利益的行为提起民事公益诉讼；也可以对负有土壤污染防治职责的行政机关，因违法行使职权或者不作为造成国家和社会公共利益受到侵害的行为提起行政公益诉讼。地方各级人民政府和有关部门应当积极配合司法机关的相关案件办理工作和检察机关的监督工作。

开展宣传教育。制定土壤环境保护宣传教育工作方案。制作挂图、视频，出版科普读物，利用互联网、数字化放映平台等手段，结合世界地球日、世界环境日、世界土壤日、世界粮食日、全国土地日等主题宣传活动，普及土壤污染防治相关知识，加强法律法规政策宣传解读，营造保护土壤环境的良好社会氛围，推动形成绿色发展方式和生活方式。把土壤环境保护宣传教育融入党政机关、学校、工厂、社区、农村等的环境宣传和培训工作。鼓励支持有条件的高等学校开设土壤环境专门课程。

4.3.3.8　加强目标考核，严格责任追究

明确地方政府主体责任。地方各级人民政府是实施本行动计划的主体，要于2016年底前分别制定并公布土壤污染防治工作方案，确定重点任务和工作目标。要加强组织领导，完善政策措施，加大资金投入，创新投融资模式，强化监督管理，抓好工作落实。各省（区、市）工作方案报国务院备案。

加强部门协调联动。建立全国土壤污染防治工作协调机制，定期研究解决重大问题。各有关部门要按照职责分工，协同做好土壤污染防治工作。环境保护部要抓好统筹协调，加强督促检查，每年2月底前将上年度工作进展情况向国务院报告。

落实企业责任。有关企业要加强内部管理，将土壤污染防治纳入环境风险防控体系，严格依法依规建设和运营污染治理设施，确保重点污染物稳定达标排放。造成土壤污染的，应承担损害评估、治理与修复的法律责任。逐步建立土壤污染治理与修复企业行业自律机制。

严格评估考核。实行目标责任制。2016年底前，国务院与各省（区、市）人民政府签订土壤污染防治目标责任书，分解落实目标任务。分年度对各省（区、市）重点工作进展情况进行评估，2020年对本行动计划实施情况进行考核，评估和考核结果作为对领导班子和领导干部综合考核评价、自然资源资产离任审计的重要依据。

对年度评估结果较差或未通过考核的省（区、市），要提出限期整改意见，整改完成前，

对有关地区实施建设项目环评限批；整改不到位的，要约谈有关省级人民政府及其相关部门负责人。对土壤环境问题突出、区域土壤环境质量明显下降、防治工作不力、群众反映强烈的地区，要约谈有关地市级人民政府和省级人民政府相关部门主要负责人。对失职渎职、弄虚作假的，区分情节轻重，予以诚勉、责令公开道歉、组织处理或党纪政纪处分；对构成犯罪的，要依法追究刑事责任，已经调离、提拔或者退休的，也要终身追究责任。

我国正处于全面建成小康社会决胜阶段，提高环境质量是人民群众的热切期盼，土壤污染防治任务艰巨。各地区、各有关部门要认清形势，坚定信心，狠抓落实，切实加强污染治理和生态保护，如期实现全国土壤污染防治目标。

第5章

大气环境治理与保护规划

5.1 大气与大气污染

5.1.1 大气与环境空气

国际标准化组织对大气及环境空气定义为："大气"是指环绕地球的全部空气的总和；环境空气是指动植物、建筑物等暴露于其中的室外空气。通常所说的大气环境影响评价与环境空气影响评价含义基本相同，主要是针对与人类关系最密切、最直接的近地面层环境空气质量的评价。大气亦被称大气层或者大气圈，是包围在地球表面80km的垂直空间中均匀混合的空气层，大气圈是包括水圈、大气圈、生物圈、岩石圈、土壤圈的地球五大系统之一，是生命赖以生存的气体环境。其中高度在12km以内尤其是2km以内的范围受人类活动影响很大，是大气污染的主要发生区域。

5.1.2 大气污染物及危害

大气污染物是指由于自然活动或者人类生产生活排入大气的并对大气环境造成威胁的物质。按照污染物来源可分为人为源和自然源两大类，其中人类排放的污染物往往容易引起公害。它们主要源于化石燃料燃烧、大规模工矿企业生产、城市交通尾气等。大气污染物可根据其形态可分为颗粒物污染物、气态污染物。根据其理化性质可分为无机气体污染物、有机气体污染物。按照污染物是否为污染源直接排放可分为一次大气污染物、二次大气污染物。对相关部口监测数据进行统计得出，在我国目前的大气环境下，最为主要的广域大气污染物为总悬浮颗粒物（TSP）、二氧化硫（SO_2）、氮氧化物（NOx）和臭氧（O_3）等。

颗粒物污染物是空气中最主要的一类污染物，我们近些年所熟悉的雾霾天气正是在大雾条件下颗粒物聚积所导致的一类气象灾害。由于几乎所有的生产过程都会产生和排放颗粒物，颗粒物也是空气中首要污染物。人为来源主要有生产、破碎、运输、燃烧等过程中产生的烟尘、粉尘。PM_{10}即可吸入颗粒物又称细颗粒物，指空气动力学直径在下的颗粒物污染物。粒径小于等于的颗粒物污染物被定义为可入肺颗粒或超细颗粒物，也就是通常所说的$PM_{2.5}$。其中$PM_{2.5}$对大气环境和人体健康造成的威胁最大。一次污染物是指由大气污染源直接排放到大气中，且未发生大气化学反应的污染物质。一些颗粒物污染物和气态污染物作为一次污染物排放到空气中后经物理化学反应转化为二次污染物，二次污染物主要有硫酸盐烟雾、硝酸盐烟雾、光化学烟雾。大气污染物不仅会对人体健康造成威胁，而且会损坏物质资料和财产，也影响动植物生长和发育。全球性的大气污染还可能是影响全球气候变化的主要因素。因此，大气污染对各个地球系统均有可能产生直接或间接影响。

5.2 大气环境治理技术

5.2.1 中国大气污染防治的历程

回顾我国的大气污染防治历程，大体可以分为以下四个阶段。

第一阶段：1970 ~ 1990年。

1970 ~ 1990年，是我国大气污染防治的起步阶段。在这段时期，我国大气污染防治控制的主要污染源为工业点源，主要控制的污染物是悬浮颗粒物，空气污染范围以局地为主。环境质量管理主要涉及排放浓度控制，消烟除尘，工业点源治理及属地管理。

1973年，我国发布第一个国家环境保护标准——《工业"三废"排放标准》，其中对一些大气污染物规定了排放限值；1987年，我国颁布了针对工业和燃煤污染防治方面的《大气污染防治法》，将法律的手段应用到防治大气污染治理工作中，强化了对大气环境污染的预防和治理。这两项进展对于大气污染防治工作具有里程碑意义。

第二阶段：1990 ~ 2000年。

1990 ~ 2000年，这一阶段的主要污染源为燃煤和工业，主要的污染物是SO_2和悬浮颗粒物，主要污染特征为煤烟尘、酸雨，空气污染范围从局地污染向局地和区域污染扩展。酸雨和二氧化硫污染严重危害居民健康，破坏生态系统，腐蚀建筑材料，造成了巨大的经济损失，当时国务院对酸雨和二氧化硫污染问题十分重视，并将控制酸雨和二氧化硫污染纳入1995年修订的《大气污染防治法》中。1998年1月，国务院批复了酸雨控制区和二氧化硫污染控制区（以下简称"两控区"）划分方案，并提出了"两控区"酸雨和二氧化硫污染控制目标。并于2000年，要求"两控区"实行SO_2排放总量控制。在这段时期，《大气污染防治法》于1995年和2000年进行了两次修订。经过这两次的修订，从1987年的41条法律条文，增加到2000年的66条，确立了一些新的制度，充实完善了原有法律规范。这也正是以法律形式反映了国家要实现经济和社会可持续发展战略，着力控制大气污染，谋求良好自然环境所作的决策和所采取的积极行动。

第三阶段：2000 ~ 2010年。

2000 ~ 2010年，是中国大气污染发生重大进展的一个阶段。在这期间，不但对燃煤、工业、扬尘污染提出了控制要求，同时将机动车的污染控制纳入了议程，将二氧化硫、氮氧化物、PM_{10}列为主要控制对象。空气污染问题主要是煤烟尘、酸雨、$PM_{2.5}$和光化学污染，大气污染的区域性复合型特征初步显现。

2000年修订的《大气污染防治法》，增列了两控区二氧化硫排放总量控制、机动车排放污染物控制及扬尘污染控制；后来二氧化硫排放总量控制范围扩大到全国，并列入"十一五"国家约束性总量控制指标。在这期间，国家修订加严了《火电厂大气污染物排放标准》和《锅炉大气污染物排放标准》，在全国范围内持续推动机动车污染物排放标准的升级。

我国先后于2008年举办了北京奥运会、2010年举办了上海世博会和广州亚运会。会议期间的空气质量问题受到社会各界的关注，为了保障会议期间良好的空气质量，在国务院有关部门的领导下，实施了区域联防联控机制，并且取得了显著成效。经过多年的大气污染防治，在中国经济快速发展的背景下，环境空气中一次污染物的浓度得到初步控制。根据北京环境空气质量管理和二氧化硫排放情况的有关数据，尽管在这十年中北京的经济社会快速发展，但北京环境空气中PM_{10}、SO_2、可吸入颗粒物、CO等污染物的浓度都呈下降趋势，但环境空气质量仍与人民的期待存在着很大差距。

但总体来看，中国面临着快速工业化、城镇化进程。能源消耗，特别是煤炭消耗指标快速增长，钢铁等高污染行业不断膨胀，中国汽车生产量和销售量成为世界第一大国，中国水泥产量占到了世界总量的50%以上。这些都给中国的环境空气质量管理带来了巨大挑战。

我国于2007年至2009年开展了"中国环境宏观战略研究"，战略研究中包括大气污染防治战略。战略研究中提出了中国大气污染防治的路线图，战略研究的总体目标是：到2050年，通过大气污染综合防治，大幅度降低环境空气中各种污染物的浓度，城市和重点地区的大气环境质量得到明显改善，全面达到国家空气质量标准，基本实现世界卫生组织（WHO）的环境空气质量的指导值，满足保护公众健康和生态安全的要求。中国空气质量管理应该与世界卫生组织的标准体系接轨，持续改善环境空气质量。

第四阶段：2010年以后。

2010年是中国步入"十二五"规划承上启下的关键一年。中国大气污染的两个主要特征是：①主要大气污染物排放量巨大，除了二氧化硫在"十一五"期间有所减少，其他污染物排放量都是呈增加趋势；②区域性、复合型大气污染特征凸显。

"十二五"规划把NO_x和SO_2排放总量纳入"十二五"规划约束性指标（表5-1），这是中国大气污染防治的重大进展。同时，以环境标准优化产业升级，继续加严各个行业的污染物排放限值。2011年再一次修订了燃煤电厂的排放标准，适应中国空气质量管理和中国燃煤电厂规模庞大基本事实往前推动，这个标准比较严。但是我们相信标准可以引领产业发展，引领科技进步。

我国于2012年颁布了新的《环境空气质量标准》GB 3095—2012，将$PM_{2.5}$浓度限值纳入空气质量标准，并对多种空气污染物的浓度限值做了新的修订（表5-2、表5-3）。该标准是中国到目前为止所有环境质量标准中唯一由国务院常务会议讨论后颁布的，这个标准体现了国家的意志和人民的关注，是一个重大的进展。

在这阶段中国环境空气质量管理发生了四个重大战略性转变：①控制目标由排放总量控制转变为关注排放总量与环境质量改善相协调，即不但要考虑总量削减，更要重视环境空气质量改善。②控制对象由主要关注燃煤污染物转变为多种污染物协同控制。③控制对象由以工业点源为主转变为多种污染源的综合控制。④在管理模式上，从属地管理到区域联防联控管理。国务院连续发布两个重要文件充分体现了这四大转变：2012年9月，国务院发布了《重点区域大气污染防治"十二五"规划》，这是国务院批准的第一个大气污染综合防治规划。

2013年9月，国务院颁布的《大气污染防治行动计划》（简称"国十条"），"国十条"是国务院对大气污染防治工作从战略高度做出的顶层设计，突出了重点地区，体现了分类指导的原则，在重点地区希望取得突破。

“十二五”规划把NO$_x$和SO$_2$排放量纳入规划约束性指标　　　　　表5-1

	SO$_2$（百万t）	NO$_x$（百万t）
2010 排放量	22.08	21.57
2010～2015年预计新增量	4.17	5.34
2010～2015年新增减排能力	5.97	7.6
2010～2015年减排百分比	8%	10%

《环境空气质量标准》GB 3095—2012中环境空气污染物基本项目浓度限值　　表5-2

序号	污染物项目	平均时间	浓度限值		单位
			一级	二级	
1	二氧化硫（SO$_2$）	年平均	20	60	μg/m³
		24小时平均	50	150	
		1小时平均	150	500	
2	二氧化氮（NO$_2$）	年平均	40	40	
		24小时平均	80	80	
		1小时平均	200	200	
3	一氧化碳（CO）	24小时平均	4	4	mg/m³
		1小时平均	10	10	
4	臭氧（O$_3$）	日最大8小时平均	100	160	μg/m³
		1小时平均	160	200	
5	颗粒物（粒径小于等于10μm）	年平均	40	70	
		24小时平均	50	150	
6	颗粒物（粒径小于等于2.5μm）	年平均	15	35	
		24小时平均	35	75	

《环境空气质量标准》GB 3095—2012中环境空气污染物其他项目浓度限值　　表5-3

序号	污染物项目	平均时间	浓度限值		单位
			一级	二级	
1	总悬浮颗粒物（TSP）	年平均	80	200	μg/m³
		24小时平均	120	300	
2	氮氧化物（NO$_x$）	年平均	50	50	
		24小时平均	100	100	
		1小时平均	250	250	
3	铅（pb）	年平均	0.5	0.5	
		季平均	1	1	
4	苯并（a）芘（BaP）	年平均	0.001	0.001	
		24小时平均	0.0025	0.0025	

5.2.2 中国大气污染防治的展望

持续减少多种污染物的排放总量中国大气污染控制，不仅要降低单位GDP的排放强度，而且也需要持续减少多种污染物的排放总量。虽然在"十一五"期间二氧化硫的排放总量有所减少，但其他污染物的排放总量还是呈上升趋势。为了确保实现《大气污染防治行动计划》的减排既定目标，需要大大提高多种污染物的减排幅度，远超过历史上任何时期，并且京津冀、长三角、珠三角这些重点区域的减排比例将会更高。必须充分认识任务的艰巨性，下大力气真抓实干。

进一步强调节能对大气污染防治的协同效益。目前我国工业粗放型的发展方式仍没有得到实质性转变，资源消耗高，污染排放大，可持续发展受到严重制约。有调查显示，在中国的终端耗能中，工业消耗约占2/3。表5中列了三种主要工业产品能耗，从中可以看出，工业产品能耗与国际先进水平相比，还存在着较大差距。追其原因，工业结构模式占一部分，同时技术原因也很重要，需要提高工业生产过程中的能源利用效率。同时需要加强材料的研发和管理，促进和推动建筑节能；通过建立可持续的现代交通运输体系，加强交通运输行业的节能降耗。

科学谋划，有序推进城镇化这也是大气污染面临的挑战和管理重点。首先，在城镇化过程中考虑产业和能源调整，严格产业准入，控制落后产能扩张，强化基础设施建设，保障清洁能源供给。其次，要科学进行城市规划，合理规划城市布局，慎重发展千万人口级的城市，控制城市煤炭消费量，优化交通体系，以减少燃煤和机动车的污染。再次，需要关注O_3的污染问题，随着对可吸入颗粒的污染控制的逐渐深入，关注重点区域日益严重的O_3问题也显得非常紧迫。

进一步推进移动源污染防治我国面对着机动车保有量快速增长、并且高频使用的压力，所以需要对机动车增长适当控制，并进一步加强机动车污染控制，才不至于使我们过去这些年里，为控制氮氧化物、二氧化硫所做的努力被抵消掉；同时也要积极推动非道路移动源污染防治工作。总之，空气质量改善需要长期的持续努力，建立环境质量目标，确定减排目标，实施控制措施、进行项目实施，最后跟踪评估，这是一个循序渐进的过程，任重而道远，是政府、企业和公众的共同责任，需要区域合作共同应对，做到"同呼吸、共奋斗"。

5.3 城乡大气环境保护规划

总体要求：以邓小平理论、"三个代表"重要思想、科学发展观为指导，以保障人民群众身体健康为出发点，大力推进生态文明建设，坚持政府调控与市场调节相结合、全面推进与重点突破相配合、区域协作与属地管理相协调、总量减排与质量改善相同步，形成政府统领、企业施治、市场驱动、公众参与的大气污染防治新机制，实施分区域、分阶段治理，推动产业结构优化、科技创新能力增强、经济增长质量提高，实现环境效益、经济效益与社会效益多赢，为建设美丽中国而奋斗。

奋斗目标：经过五年努力，全国空气质量总体改善，重污染天气较大幅度减少，京津冀、长三角、珠三角等区域空气质量明显好转。力争再用五年或更长时间，逐步消除重污染天气，全国空气质量明显改善。

具体指标：到2017年，全国地级及以上城市可吸入颗粒物浓度比2012年下降10%以上，优良天数逐年提高。京津冀、长三角、珠三角等区域细颗粒物浓度分别下降25%、20%、15%左右，其中北京市细颗粒物年均浓度控制在60μg/m³左右。

5.3.1　加大综合治理力度，减少多污染物排放

（1）加强工业企业大气污染综合治理。全面整治燃煤小锅炉。加快推进集中供热、"煤改气"、"煤改电"工程建设，到2017年，除必要保留的以外，地级及以上城市建成区基本淘汰每小时10蒸吨及以下的燃煤锅炉，禁止新建每小时20蒸吨以下的燃煤锅炉，其他地区原则上不再新建每小时10蒸吨以下的燃煤锅炉。

（2）深化面源污染治理。综合整治城市扬尘。加强施工扬尘监管，积极推进绿色施工，建设工程施工现场应全封闭设置围挡墙，严禁敞开式作业，施工现场道路应进行地面硬化。渣土运输车辆应采取密闭措施，并逐步安装卫星定位系统。推行道路机械化清扫等低尘作业方式。大型煤堆、料堆要实现封闭储存或建设防风抑尘设施。推进城市及周边绿化和防风防沙林建设，扩大城市建成区绿地规模。

5.3.2　调整优化产业结构，推动产业转型升级

（1）严控"两高"行业新增产能。修订高耗能、高污染和资源性行业准入条件，明确资源能源节约和污染物排放等指标。

（2）加快淘汰落后产能。结合产业发展实际和环境质量状况，进一步提高环保、能耗、安全、质量等标准，分区域明确落后产能淘汰任务，反逼产业转型升级。

（3）压缩过剩产能。加大环保、能耗、安全执法处罚力度，建立以节能环保标准促进"两高"行业过剩产能退出的机制。制定财政、土地、金融等扶持政策，支持产能过剩"两高"行业企业退出、转型发展。严禁核准产能严重过剩行业新增产能项目。

（4）坚决停建产能严重过剩行业违规在建项目。认真清理产能严重过剩行业违规在建项目，对未批先建、边批边建、越权核准的违规项目，尚未开工建设的，不准开工；正在建设的，要停止建设。地方人民政府要加强组织领导和监督检查，坚决遏制产能严重过剩行业盲目扩张。

5.3.3　加快企业技术改造，提高科技创新能力

（1）强化科技研发和推广。加强灰霾、臭氧的形成机理、来源解析、迁移规律和监测预警等研究，为污染治理提供科学支撑。加强大气污染与人群健康关系的研究。支持企业技术中心、国家重点实验室、国家工程实验室建设，推进大型大气光化学模拟仓、大型气溶胶模拟仓

等科技基础设施建设。加强脱硫、脱硝、高效除尘、挥发性有机物控制、柴油机车排放净化、环境监测以及新能源汽车、智能电网等方面的技术研发，推进技术成果转化应用。加强大气污染治理先进技术、管理经验等方面的国际交流与合作。

（2）全面推行清洁生产。到2017年，重点行业排污强度比2012年下降30%以上。

（3）大力发展循环经济。鼓励产业集聚发展，实施园区循环化改造，推进能源梯级利用、水资源循环利用、废物交换利用、土地节约集约利用，促进企业循环式生产、园区循环式发展、产业循环式组合，构建循环型工业体系。

（4）大力培育节能环保产业。着力把大气污染治理的政策要求有效转化为节能环保产业发展的市场需求，促进重大环保技术装备、产品的创新开发与产业化应用。

5.3.4 加快调整能源结构，增加清洁能源供应

（1）控制煤炭消费总量。制定国家煤炭消费总量中长期控制目标，实行目标责任管理。到2017年，煤炭占能源消费总量比重降低到65%以下。

（2）推进煤炭清洁利用。提高煤炭洗选比例，新建煤矿应同步建设煤炭洗选设施，现有煤矿要加快建设与改造。到2017年，原煤入选率达到70%以上。

（3）提高能源使用效率。严格落实节能评估审查制度。新建高耗能项目单位产品、产值、能耗要达到国内先进水平，用能设备达到一级能效标准。

5.3.5 严格节能环保准入优化产业空间布局

强化节能环保指标约束。提高节能环保准入门槛，健全重点行业准入条件，公布符合准入条件的企业名单并实施动态管理。严格实施污染物排放总量控制，将二氧化硫、氮氧化物、烟粉尘和挥发性有机物排放是否符合总量控制要求作为建设项目环境影响评价审批的前置条件。对未通过能评、环评审查的项目，有关部门不得审批、核准、备案，不得提供土地，不得批准开工建设，不得发放生产许可证、安全生产许可证、排污许可证，金融机构不得提供任何形式的新增授信支持，有关单位不得供电、供水。

5.3.6 发挥市场机制作用完善环境经济政策

发挥市场机制调节作用。本着"谁污染、谁负责，多排放、多负担，节能减排得收益、获补偿"的原则，积极推行激励与约束并举的节能减排新机制。

5.3.7 健全法律法规体系严格依法监督管理

（1）完善法律法规标准。加快大气污染防治法修订步伐，重点健全总量控制、排污许可、应急预警、法律责任等方面的制度，研究增加对恶意排污、造成重大污染危害的企业及其相关负责人追究刑事责任的内容，加大对违法行为的处罚力度。

（2）加大环保执法力度。推进联合执法、区域执法、交叉执法等执法机制创新，明确重

点，加大力度，严厉打击环境违法行为。对偷排偷放、屡查屡犯的违法企业，要依法停产关闭。对涉嫌环境犯罪的，要依法追究刑事责任。落实执法责任，对监督缺位、执法不力、徇私枉法等行为，监察机关要依法追究有关部门和人员的责任。

（3）实行环境信息公开。各级环保部门和企业要主动公开新建项目环境影响评价、企业污染物排放、治污设施运行情况等环境信息，接受社会监督。涉及群众利益的建设项目，应充分听取公众意见。建立重污染行业企业环境信息强制公开制度。

5.3.8　建立区域协作机制，统筹区域环境治理

（1）建立区域协作机制。

（2）分解目标任务。国务院与各省（区、市）人民政府签订大气污染防治目标责任书，将目标任务分解落实到地方人民政府和企业。国务院制定考核办法，每年初对各省（区、市）上年度治理任务完成情况进行考核。2015年进行中期评估，并依据评估情况调整治理任务，2017年对行动计划实施情况进行终期考核。

（3）实行严格责任追究。对未通过年度考核的，由环保部门会同组织部门、监察机关等部门约谈省级人民政府及其相关部门有关负责人，提出整改意见，予以督促。干预、伪造监测数据和没有完成年度目标任务的，监察机关要依法依纪追究有关单位和人员的责任，环保部门要对有关地区和企业实施建设项目环评限批，取消国家授予的环境保护荣誉称号。

5.3.9　建立监测预警应急体系妥善应对重污染天气

（1）建立监测预警体系。环保部门要加强与气象部门的合作，建立重污染天气监测预警体系。

（2）制定完善应急预案。空气质量未达到规定标准的城市应制定和完善重污染天气应急预案并向社会公布，要落实责任主体，明确应急组织机构及其职责、预警预报及响应程序、应急处置及保障措施等内容。按不同污染等级确定企业限产停产、机动车和扬尘管控、中小学校停课以及可行的气象干预等应对措施。开展重污染天气应急演练。

（3）及时采取应急措施。将重污染天气应急响应纳入地方人民政府突发事件应急管理体系，实行政府主要负责人负责制。要依据重污染天气的预警等级，迅速启动应急预案，引导公众做好卫生防护。

5.3.10　明确政府企业和社会的责任，动员全民参与环境保护

（1）明确地方政府统领责任。地方各级人民政府对本行政区域内的大气环境质量负总责，要根据国家的总体部署及控制目标，制定本地区的实施细则，确定工作重点任务和年度控制指标，完善政策措施，并向社会公开，要不断加大监管力度，确保任务明确、项目清晰、资金保障。

（2）加强部门协调联动。各有关部门要密切配合、协调力量、统一行动，形成大气污染防

治的强大合力。

（3）强化企业施治。企业是大气污染治理的责任主体，要按照环保规范要求，加强内部管理，增加资金投入，采用先进的生产工艺和治理技术，确保达标排放甚至达到"零排放"。要自觉履行环境保护的社会责任，接受社会监督。

（4）广泛动员社会参与。环境治理，人人有责。要积极开展多种形式的宣传教育，普及大气污染防治的科学知识。加强大气环境管理专业人才培养。倡导文明、节约、绿色的消费方式和生活习惯，引导公众从自身做起、从点滴做起、从身边的小事做起，在全社会树立起"同呼吸、共奋斗"的行为准则，共同改善空气质量。

我国仍然处于社会主义初级阶段，大气污染防治任务繁重艰巨，要坚定信心、综合治理，突出重点、逐步推进，重在落实、务求实效。各地区、各有关部门和企业要按照本行动计划的要求，紧密结合实际，狠抓贯彻落实，确保空气质量改善目标如期实现。

第6章

城乡生态环境保护规划

6.1 城乡生态环境

6.1.1 生态环境的定义

"生态环境"一词使用的范围很广泛，其中有用来指事物周围的情境与状况，如政治、经济、文化生态环境等。本文特别是指一种物理世界，而且这种物理世界是作用于人类并与自然息息相关的，即"自然生态环境"，这里简称为"生态环境"。"生态环境"是"生态"与"环境"的合成词，我国学者对其具体含义包括如下几种观点：①认为"生态环境"包括生物、环境和关系三个要素。②指生物与环境之间的相互关系。从逻辑含义上分析，它包含生物、环境和生物与环境之间的关系三个要素。③从生态环境问题的危害程度看，它具有巨害性的特征。全球生态环境的恶化所造成的自然灾害频繁发生，并且日趋严重，全人类的生存安全与发展受到诸多重大生态环境问题的直接威胁，人类的生存和发展也将受到巨大影响。正因为当前生态环境问题具有上述这些特征，因此处理这些问题以及寻求解决措施变得极其困难，往往在问题的解决过程中伴随着其他问题的出现，因此人类应寻求更有效的措施从根本上解决生态环境问题。

6.1.2 环境服务功能

首先，自然环境提供给人类生产和生活所需的资源和能源；其次，环境吸纳、净化人类生产和生活所排放的废弃物；第三，生态环境还将向人们提供用于生产和生活的空间服务。因此，自然环境不能正常履行其功能即会产生生态环境问题，凡是影响环境的这三项服务功能的因素都会导致生态环境问题。此外，整体性、协调性和平衡性是生态的三大特性，环境服务功能的失衡也是一种生态环境问题。从环境的第一项服务功能看，资源、能源的短缺是生态环境问题；从环境的第二项服务功能看，废物排放、污染会对生态环境的自组织能力产生影响，从而形成生态环境问题；从环境的第三项服务功能看，人们的活动范围缩小、工作场所的不安全、居住条件的恶劣、社区服务的不完整都属于生态环境问题；此外，生态环境问题还包括极度贫困与过度消费同时存在的失衡现象。总而言之，当代社会存在着各种生态环境问题，而解决这些问题迫在眉睫。生态环境问题在相当长的一段时间内便已存在，这不仅仅是20世纪特有的社会现象。譬如在人类历史上就曾发生过三次生态危机，发生在200多万年前的第四期冰期是第一次生态危机；第二次生态危机是发生在渔猎时代的食物危机；第三次生态危机是土地危机，发生在农业时代；而第四次生态危机便是当前的生态环境问题。当前的生态环境问题具有全球性、系统性、整体性和巨害性等特征，工业化以前的生态环境问题并不具有这些特征，正是由于这些特征的存在，所以生态环境问题才会受到普遍的关注，并产生生态环境问题与政治相融合的相关理论。从生态环境问题影响的领域看，它具有全球性的特征。植被、大气、水源、土地、生物界等多个领域都是当代生态环境问题所涉及的内容。并且生态环境问题广泛存在于工业化国家、后工业化国家以及前工业化国家。从生态环境问题覆盖的范围看，它具有整体性的特征。整个国际经济和人类生存状况都会由于任何一个地区的生态环境的破坏，受到一定程度的损害。并且由于世界不同地区的生态环境问题的移动、汇集而形成新的生态环境问题，如酸雨、臭氧层空洞、赤潮等。

6.1.3　生态环境问题

所谓生态环境问题是由人类行为所产生的环境形态与质量的负面变化。世界工业化以后产生了生态环境问题，并且规模较大；也由于工业化的发展，自然资源的消耗量迅速上升。而仅仅依靠个人能力是无法解决现代生态环境问题的，关键性因素则是公共行为和集体行动，因此政治开始成为解决生态环境问题所关注的重要砝码。生态环境问题是一个复合体问题，针对不同的生态环境问题人类应采取不同的政治解决方案，从而形成不同的理论体系。生态环境问题给人们的生产和生活带来了巨大的影响，诸如人口数量剧增、森林乱砍滥伐、资源短缺、土壤流失、土地荒漠化、环境污染、生态失衡等生态环境问题，世界由此陷入了新的恐慌。因此人们必须认真思考并正确处理与自身生存紧密联系的生态环境问题。因此了解生态环境的定义、特点及状况对于认知生态环境问题，就十分必要。由于进行了工业革命，特别是20世纪50年代以后，生态环境的自组织能力已经无法承载对自然生态环境的破坏程度，空前严重的生态环境问题在世界范围内产生，如：森林乱砍滥伐、土地荒漠化、温室效应、全球气候变暖、海洋环境污染、固体废弃物污染、自然资源危机等，人们的生产生活状况受到严重威胁。

"从环境问题与生态问题的角度看，环境问题一般被认为是表层的具体问题，如大气、水、固体废弃物的污染等。深层的生态破坏才被认为是生态问题，是自然环境由于人类的长期作用，而产生一定程度的破坏，在生态系统的自组织能力下，其负面影响的滞后表现。如全球气候变暖、自然资源状况恶化、森林乱砍滥伐、土地荒漠化、生物多样性减少等生态破坏现象便是更深层次的生态环境问题；大量生产导致的能源资源短缺、供应紧张，甚至引发冲突和战争是灾难性的生态环境问题；而根本的生态环境问题即失业和贫困使得穷人没有充足的食物和舒适的住居空间"。

深层的生态破坏是由浅表层的环境问题的积累形成的，如工厂排放的废气、汽车尾气等对空气的污染是环境问题，而这些有害气体的积聚，达到一定程度就会导致"酸雨"沉降，表现为生态问题。所以从生态与环境问题的角度上看，环境问题实质上最后仍然是生态问题，最终归结为生态环境问题。而从人类的角度看，自然界包括人，并且人形成于自然的长期进化，自然生态系统提供给人类赖以生存的环境，时刻与自然生态环境发生相互作用，进行物质和能量的交换，因而，从环境为人们提供服务功能的角度来考察生态和影响生物生存与发展的一切外界条件的总和。其次认为生态环境和生态系统、自然环境内涵相同。如王礼先的《关于"生态环境建设"的内涵》认为，生态环境是指影响人类生存与发展的自然资源与自然环境因素的总称，即生态系统。刘晓丹、孙英兰在《"生态环境"内涵界定探讨》中，将"生态环境"定义为以特定生物体为中心，多元复合生态系统各要素和生态学关系的总和，强调生态系统的整体性、连续性、稳定性和协同进化，以及在此基础上对主体提供的环境功能。对生态环境定义的解析，有助于人们更充分地理解生态环境问题，从而寻求解决途径。

6.1.4　生态环境的特点

人们对待自然的方式和态度会直接影响到生态环境问题，是人与自然之间的关系问题。从人类对待自然的方式这个角度看，狩猎文明、游牧文明、农业文明以及工业文明是按照时间顺序人类所经历的四个文明时代，生态环境问题的特征也是随着不同的文明时期而变化的，因此，生态环境具有历史阶段性。同时公共性是生态环境另一个不可忽视的特点，现代政治的研究领域容纳了生态环境问题也正是由于这一特点的存在。

从原始社会到封建农业社会，由于人类开发和利用自然的能力有限，因此生态环境的耗用并不严重，而且由于自然被人类开发的范围较小，总体上而言生态环境的自组织能力能够缓解与协调这种破坏。进入到近代封建农业文明，虽然在部分地区存在生态环境问题，如生活饮用水受到污染、农田水利遭受破坏等，但由于自然资源尚且丰富，人类生存并未受到威胁，在此时期政治的研究领域已经纳入了生态环境问题。那时，人们认为因为科学和技术的发明创造，生态环境将提供给人类无穷无尽的自然资源。近代资本主义工业文明时期的生态环境处于赤字阶段，而且地球生态环境已经无法承载生态环境的耗用量，从而出现了生态危机。但由于生态环境的自组织能力还能继续调节已存在的生态环境问题，因此人类还能继续生存。随着生态环境问题逐渐引发人们的关注和重视，生态环境开始出现好转的态势。而如今生态环境问题成为当代社会最突出的问题之一。

生态环境的另一个显著特点是其公共性，生态环境问题的公共性便是决定了它可以成为政治议题的重要前提。众所周知，取自水、阳光、空气等自然物品的生态环境为人们提供基本的生态服务，人们共同拥有生态环境，它属于公共物品的范畴。因此，保护生态环境以及对生态环境的破坏不是私人问题，而是集体行为和公共行为问题。

6.2　城乡生态环境治理技术

尽管相关法律中都有涉及与资源保护问题和生态环境建设相关的内容，但是由于这些政策多从宏观角度出发，针对的是整个国家的生态环境问题，对于农村具体的、微观的生态环境问题，可操作性、针对性不强。

国家对于农村生态环境的现状，环境污染产生的原因、环境破坏带来的影响等方面问题了解得还不充分，基于当前我国农村的环保法制缺乏系统性这一问题，我们应当在坚持环境资源基本法精神的前提下，从农村生态环境建设的现状出发，制定与农村经济发展模式相适应的环保政策和法规，对农村生态建设的资金来源、使用细则、环保信息统计等基础建设问题作出具体的指导和规范，为生态环境建设提供法律制度方面的保障。现阶段应先着手将农村生态环境保护法律制度从整个环境保护法中抽离出来。构建一个只针对农村生态环境的完善的、全面的、可操作性强的法律体系。它应当包括：宪法有关农村生态环境治理与保护方面的规定；农村生态环境与资源保护基本法；农村生态环境与资源保护单行法；农村生态环境保护与治理标准等。除以上法规外，对于工业污染的处理标准以及城市企业向农村迁移等一系列问题，也应当确定合理有效的标准以限制污染企业转移到农村。党的十八界三中全会中强调建设现代化法治社会，法律制度的保障是根本保障，因此我们必须首先立足于城乡生态环境法律制度建设的公正性。

6.2.1　完善城乡生态环境建设的执法体制

为构建高效的环境执法体制，政府首先应当转变发展理念，树立统筹发展、协调发展、可持续发展的科学发展观，坚持走可持续发展道路，在经济发展的同时，加强对生态环境的保护。各地政府应当结合当地实际情况，理清经济发展与环境保护之间的关系。增强公众的环保意识，在全社会树立环保法制观念，提升群众的生态道德素质，营造全民参与生态环境保护的良好社会氛围。其次政府应当加大对环境执法体制的改革。坚持从事实出发，严格依照相关法律规定处理环境纠纷，严格规范执法程序，实行政务公开，鼓励民众参与到生态环境法制建设中来。再次政府应当定期对环境执法人员进行执法教育培训，强化公正执法的理念。建立环境执法奖惩机制，并实行责任追究制度。对于公正执法、严格执法的工作人员予以奖励，对违法行政甚至为己私利贪污枉法的工作人员严惩不贷。最后对于企业、社会团体以及公民个人破坏生态环境的行为，应由司法机关出面审判并给予相应惩罚。使法制权威在全社会中建立起来，从根本上改变当前漠视环境法规的社会不良风气。

6.2.2　完善我国城乡生态环境建设的政策体系

确立政府在城乡生态环境建设中的主导作用。我国在城乡生态环境建设方面的差异性并非是市场作用的结果，而是由一直以来"城乡分治、重城轻乡"的制度效应所致。鉴于我国城乡生态环境建设不均衡带来的负面影响，我们应当从政策出发，借助政府的力量减少这种不合理差距。政府之所以要担起统筹城乡生态环境的任务，这是因为首先城乡生态环境建设过程中的人力、财力、物力等资源都由政府支配。其次政府在政策制定和执行方面相比较其他社会团体更具权威性，而且政府的强大号召力也使它能够在最大范围内调动起社会各界的力量，从而推动城乡生态建设的发展。

在统筹建设城乡生态环境的初期，政府应当牢记城乡环境协调发展这一准则，做好相关政策的制定工作。具体体现在：建立健全生态环境建设的目标体系，提供科学的可量化的测评标准，提供技术依据。在生态环境建设的进行过程中，政府应对现行环保管理体制进行改革，建立一套全面、系统、权威、与经济体制相结合的管理体制。坚持体制与目标一致性原则，让城乡生态环境建设进入合理、有序的发展轨道。同时政府也要对行政资源进行有效整合，在环保体制、政策实施、发展战略方面勇于创新，明确自身的领导责任，在此基础上，加快构建强有力的领导体制。尽管政府在城乡生态环境统筹中占据主导地位，但是主导并不意味着行政强制，而是要在尊重市场资源配置规律的基础上，以城乡融合为目标，以市场为导向，适当给予农村政策上的倾斜，使农村在投入供给、基础设施建设等方面得到补偿性保护。

6.2.3　坚持科学规划对城乡生态环境建设的引领作用

我国生态环境建设工作既没有跟上城镇化的步伐，也落后于城乡经济一体化发展进程。在城市化发展过程中存在"三不同步"，即环境保护与经济发展不同步，城乡生态环境建设规划不同步，城乡生态环境建设实施不同步，这必然导致生态环境建设成果差异显著。因此在制定环保总体规划时，应当将城乡看作有机整体，运用辩证、客观、科学的思维方式去看待经济发展与生态环保之间的关系。在制定社会经济发展整体战略规划时，应该把环境因素放在突出位置，将环境保护作为经济发展的一条基本原则贯穿到各个政策规划中。树立马克思主义生态观；坚持节约资源和保护环境共同推进的基本国策。坚持节约优先、保护优先、自然恢复为主的方针，大力倡导和推进绿色发展、循环发展、低碳发展。将污染源扼杀在摇篮里，加大对薄弱环节的补救措施，形成节约资源和保护环境的环保新格局。政府在具体工作中要联系实际，创新环保工作的考核思路和具体方法，加快考核指标的修订工作，把城乡生态环境建设中的环保执行情况纳入考核体系，构建城乡生态环境综合规划与综合考核机制。在生产力布局上，政府应当充分考虑农村地区的环境承受能力，不能为了改善城市环境而将污染企业不加限制地直接转移到农村。

近年来政府在经济活动中职能的转变，使其无法通过强制手段阻止工厂企业对利益的不合理追求，但是政府可以以"引路者"的身份，通过干预的方式对各种利益集团的利益追求进行引导和限制，以协调利益集团的互动关系为切入点，制定出有针对性的合理的城乡生态环境规划，从而解决经济利益与环境利益之间的冲突。因此城乡生态环境保护必须树立规划先行的意识，坚持以科学、系统的城乡生态环境规划作为实践的引导，以政府政策扶持为支撑，对城乡环境实现联合治理。

6.2.4　发挥城市对农村生态环境建设的带动作用

打破城乡分割体制，深入推动农村环保工作。面对日益紧张的资源供给，必须增强危机意识，树立绿色、低碳发展理念，加强综合治理，改善环境质量。

目前我国生态环保工作也开始由城市向农村延伸，这体现在以下三方面：①城市生态环境保护的管理体系已被部分农村环保部门借鉴采用。例如湖南长沙正在探索和推行农村环保村民自治制度。②在城市和农村之间创建生态示范区，全面开展生态示范试点活动。③积极探索统筹城乡生态环境建设的工作机制。

环保实践活动中应当遵循利益公正原则，即人们在保护和治理环境的过程中，不能为实现个人利益而损害他人合法权益。环境公平就是要在保护环境的过程中，杜绝"拆东墙补西墙"的不公正现象，实现利益的互惠与共生。因而要想从根本上解决城乡生态环境的问题，必须消除城乡二元结构，在可持续发展观的指引下，对城乡生态环境建设进行统筹规划，使城市和农村的生态环境成为一个和谐统一、健康发展的有机整体，这也是我国全面建设小康社会的必然要求。

6.2.5　健全我国城乡生态环境统筹的法制建设

6.2.5.1　运用法律法规，促进城乡生态环境公平机制的建立

借助法律手段，将生态环境建设的相关内容纳入法律条文中，构建并完善我国环境治理与保护体系。是解决生态环境问题的根本途径。针对当前我国城乡环境法制建设的不公正现象，全国人大在对环保相关法律条文制定和修改的过程中，一定要遵循公平性原则。国务院在制定相关法规条例时，也应根本实际需求适当增加保障环境治理公正平等的有关条款。我国没有建立关于环境保护的系统性法律体系，现阶段主要通过制定单项或专项法律法规的方式，对资源和环境的保护行为作出规范，这虽然在一定程度上能够达到改善生态环境效果，但是它的片面性也导致很多资源都没能得到法律的保护，同时在环境保护进行的过程中面临的各种情况也无法可循。因此国家需要在坚持基本法的大前提下，完善资源保护和生态环境建设等方面的立法，增加不同种类、不同层次的法律法规，逐步健全与生态环境相关的立法体系，以改变当前生态环境建设很多方面工作无法可依的状况。地方政府应当结合当地生态环境建设的实际情况，在遵循基本法精神的前提下，清理一些不合时宜的政策法规，制定更为具体、操作性更强的地方性环保法规，同时颁布一些地方性的环保标准和实施方法，以增加法律法规的覆盖面，加强法律条文的针对性。同时企业和社会其他部门也应结合自身情况，完善内部的环保政策和相关规定。

6.2.5.2　限制污染转移，为农村生态环境保护提供法制保障

长期以来，城市作为我国生态环境建设的重点，享受着国家政策的优惠。探索城乡经济绿色可持续发展道路，推动城乡产业结构转型升级。推进城乡生态环境治理与保护一体化，形成城市支援农村、农村供给城市的生态环境双向互动机制。使农村生态环境逐步改善，城乡生态环境建设趋向良性循环。针对当前城乡生态环境建设不平等性突出的问题，我们应当破除重城市轻农村、重经济轻环境的旧思想，转变思维方式，将城乡生态环境看作一个有机的整体，改变农村生态环境保护长期以来不被重视的局面。健全农村生态环境保护运行机制，将农村生态环境建设作为工作重点，推动环保政策向农村倾斜。另外要加强农村环保基础设施建设，拓宽农村公共服务覆盖面，为农业发展提供科技支撑，使农村现阶段比较严重的水污染、垃圾污染、土壤污染等一系列环境问题得到有效改善。同时引导农民树立生态文明、绿色经济的价值取向，提高农民生态伦理素质。推动城乡之间互助发展，实现城乡生态环境平等建设与协调共生。

6.2.5.3　加大我国城乡生态环境建设的资金扶持力度

鼓励多元投资主体加入。当前我国在生态环境建设方面存在严重的资金短缺问题。究其原因一是我国生态环境问题复杂多样，长期以来我国经济的发展以牺牲环境为代价，这是一种低水平的、不全面的发展，由此造成我国生态系统功能严重失衡，再加上工业污染、能源污染、城市生活污染等环境问题交织在一起，造成了现阶段严峻的环境形势。这一环境问题的复杂性，需要我们为之投入巨额的资金。发达国家环境治理的经验告诉我们，要有效地控制环境

恶化的趋势，环保投入须占国内生产总值的1.5%以上，要改善环境状况则须达到国内生产总值的25%以上。然而我国多年以来环保投入一直低于国内生产总值的1.5%。这表明我国在环保方面的投入严重不足。二是我国现有生态环境建设投资融资机制不健全，它是造成生态环境建设方面投资总量偏低的主要原因。目前我国环保资金来源单一，政府是环保投资的主要"投资人"，这使得我国生态环境建设投融资机制呈现以下特点：

（1）政府公共预算、国债、环境排污费用是当前生态环境建设的主要资金来源，但是投入力度普遍不足。

（2）除政府以外的其他投资主体，如社会团体、企业、公众等很少参与环保融资。

（3）有关城乡居民生活污水和生活垃圾处理的征费制度刚刚起步，缓解融资压力效应不明显。严峻的生态环境状况，要求我们必须加大对生态环境建设的投入力度。改进投融资机制。加快环保服务业的发展。形成由政府、污染者、社会团体构成的多元投资主体。由公共预算、国债、企业自有资金、民间资金、国际基金等构成的多渠道融资手段。积极争取国际基金援助，发挥银行信贷和企业债券的作用，通过对相关政策的改革和完善，构建城乡一体化生态环境建设新格局。

6.2.6　加强农村生态环境基础设施建设的融资力度

我国近几年来在环境污染治理模式上已经引入市场化的机制。但总体来看，城市环境污染治理市场化发展状况还处于初级阶段。生态环境基础设施市场化是指瓦解政府在该领域的垄断地位，大规模地对环保基础设施进行有偿使用。具体做法是：实行城镇居民生活污水、生活垃圾处理有偿制；城市基础设施领域建设除归属于政府外，还应向其他投资者开放；在全社会范围内对基础设施建设公开招标。改革由政府建设、事业单位管理的运行机制。引入市场竞争体制，开启企业运营管理模式。建立以市场环保机制为基础、多元主体参与的、公司化运营管理制度。广泛吸收社会资金，鼓励各经济主体参与到环保基础设施的建设中来。

"十二五"规划中提到要加快新农村建设，然而当前我国城乡生态环境建设方面不均衡性突出，因此政府在现阶段应将生态环境建设融资重点转向农村。在建设农村生态环境基础设施的过程中，以构建和谐共生的生态格局为目标。坚持污染防治与环境保护并重，大力发挥科技在农业生产中的作用。将农村新能源建设作为农村生态环境建设与基础设施建设的重点。具体做法如下：

（1）将传统的机械化工程型模式改为以设备技术和产业集约技术为核心的现代集成化模式。把污水处理作为现阶段工作重点，建立系统化的工业污水处理体系；加快推动农村生活垃圾集中处理，创立一套从搬运、处理、到再利用的产业循环体系。

（2）改善农村公共交通发展滞后的现状，优先发展以轨道交通为主干的农村公共交通系统，构建覆盖农村的绿色快捷交通网络。由此实现促进交通干线周边农村经济发展，以加强城乡交流互动。同时改善农村交通系统也利于政府部门对农村生态环保工作进行监督。

（3）在农村生态环境基础设施建设的过程中，应该贯彻落实联合国对农村生态环境优化的具体要求，重视对农村地区风景名胜、古老建筑、历史文化遗产和文物的保护工作。扩大农村人均绿化面积，使农村园林业逐渐实现产业化。让农村基础设施建设在满足经济社会发展需求的基础上，更加科学化、现代化、生态化。使农村自然环境与人造自然形成和谐的有机整体。

6.2.7 建立健全农村生态补偿机制

"差别理论"指出，已经遭受环境危害或者即将遭受危害的社会群体，应该享受立法上的倾斜，并享受政策上的优惠和补偿。政府应引导社会公众树立生态环保理念，在城乡间建立生态补偿机制，通过对自然资源的合理利用，实现生态环境的协调发展。

为了促进效率与公平的有机结合，生态环境建设不仅要倡导起点公平、机会公平、生产要素按贡献分配。还应将生态补偿作为必要补充。因此政府有必要在全国范围内建立统一的生态补偿税，优化生态转移支付结构。切实加强退耕还林退耕还草工作。对自然环境恶劣地区的居民实施生态移民。加大农业补贴力度，增加农民劳务收入。建立生态补偿制度的目的在于，通过纠正生态环境建设中的不公正现象，减少利益冲突，消除社会对立，实现享受环境资源权利与承担环境保护义务相统一。为此我们要制定公正的城乡生态环境补偿政策，平衡城乡环境治理投入力度。确保所有社会成员都能享受良好的生态环境。

6.2.8 加强公众环境保护的全局意识

正确的意识促进客观事物的发展。也就是说全民环保意识的培养树立，有助于推动各项环保方针、政策顺利执行。因此政府要面向社会，通过通俗易懂、贴近生活的环保宣传活动，使人们意识到环境质量与自身利益的高度关联性。引导人们树立人与自然和谐相处的科学生态观，鼓励全体公众参与到环保事业中来。

针对当前我国农民环保意识普遍薄弱的情况，现阶段的环境教育工作重点应由城市转向农村。首先政府应当让公众认识到生态环境这一公共产品的内在属性，即城乡生态环境是一个不可分割的有机整体，忽视甚至破坏农村环境的做法最终会使城乡生态环境陷入恶性循环的怪圈。其次通过大众媒体、报纸、广播等形式唤醒农村的生态意识，向农民灌输环保理念，让他们意识到生产生活中司空见惯的环境问题，会带来怎样严重的后果。最后注重对农民的环保态度的培养，使农民养成保护环境的好习惯，从而从整体上提升农民的环境素养。

6.2.9 建立公众环境知情权保障机制

首先，推进环境保护公众参与工作。积极构建全民参与环境保护的社会行动体系。保障公众参与主体的广泛性，推动公众参与到环境法规和政策的制定中来，使出台的环境政策更加科学合理；鼓励公众参与环境决策，建立环境决策民意调查制，提高环境决策民主化和科学化水平；呼吁公众参与到环境监督，建立环境保护特约检查员制度和环境保护监督员制度，充分发挥群众监督力量，为环境执法队伍扩充有力后备军；引导环保社会组织与公众积极参与环境宣传教育活动，在全社会营造关心、支持、参与环境保护的文化氛围，树立尊重自然、顺应自然、保护自然的生态文明理念。

其次，建立透明的环境信息公开制度。信息公开是公众参与环保工作的前提，盲目的公众参与只能让环保工作流于形式。因此政府环保部门应当及时、准确地发布环境监测信息。提升环境保护和治理工作的透明度，加强公众对政府生态环境建设工作的监督。畅通公众利益表达及诉求渠道。当前公众参与主要方式集中在末端参与，即在环境遭到污染和生态遭到破坏之后，公众受到污染影响之后才参与到环境保护之中，这也与我国当前环保工作不透明有关，为此应加强环保工作透明度，使公众能够有序地全过程参与环保活动。环境是人类生存和发展的基本条件，是关系民生的重大问题。

最后，加大对环保社会组织的扶持力度。环保社会组织是推动环保事业发展的重要力量，政府应当通过项目资助及购买服务等形式，充分发挥环保社会组织在环境政策制定与实施中的咨询顾问作用。科学引导环保社会组织参与环境管理，进一步提升环保社会组织参与环境保护的能力和效率，使其能够为公众提供更及时更准确的环境信息。

6.2.10   健全环境公益诉讼的法律机制

面临环境纠纷时，都有提起环境公益诉讼的机会。这是我国目前国情所难以达到的。为此，通过收集西方国家先进的环保立法经验，在立足现实的基础上，笔者认为适当放宽原告资格是我们改进环境公益诉讼制度的理性选择。具体制度设计如下：公民在提起诉讼时具有选择权。也就是说公民在遇到环境纠纷时，既可以以个人名义提起诉讼，也可以申请检察机关代表自己提起诉讼。这样做的好处在于，当公众遇到比较复杂的环境纠纷时，交由专业的检察机关协助提起诉讼，更有利于问题的解决。同时如果诉讼申请由于各种原因被检察机关驳回，公众还可以以个人名义再次提起诉讼，这一诉讼为环境纠纷的解决提供双重保障。

6.2.11   倡导民间环保组织的积极参与

环保组织是环境政策的号召者和推行者，它们兴起于民间，贴近群众生活，有坚实的群众基础。环保组织一方面会对政府的环境政策产生影响，另一方面也会对政府工作进行监督，督促其更好地履行环保职责。相比较政府，环保组织对民众的环保需求了解更深入，而且能够更大地调动起民众参与环保的积极性。同时，民间环保组织作为一个公益性的组织，它的有序发展也可以为政府的环保工作节约不少管理成本和监督成本。我国当前环保政策实施效果不明显的主要原因就是环保社会配合度低。因此政府应加强同环保组织的交流，在制定环境政策时，多采纳环保组织的意见。在推行环保项目时，也应利用环保组织的公益性优势，联合推进优势互补，使环保项目的进展更顺利。然而当前我国民间环保组织的发展仍面临很多困境，如筹集资金难度大、缺乏环保专业人才、缺乏完善的组织建设能力。尤其是农村民间环境保护组织的发展更是步履蹒跚。为此政府对于民间环保组织应给予更多的支持与帮助，尤其是要明确农村环保组织在生态环境建设中的地位和作用。为其提供良好的法律政策环境，扩大农村环保组织的影响力，推动民间环保组织不断壮大发展。能促进城乡之间的环境与经济、社会统筹发展，共同进步。

6.3 城乡生态环境保护规划

要扭转现阶段城乡生态环境失衡的局面，应充分发挥县域这一行政层次的作用，整体把握城乡生态环境的统筹治理，重点促进农村生态环境建设。在具体实现路径上，我们可借鉴国内外成功模式的先进经验，扬长避短、去粗取精，要综合运用政府管理、市场推动、民众参与、法制保障相结合的方式，逐步消除城乡环境差异，最终实现城乡可持续发展，推动整个社会走上生产发展、生活富裕、生态良好的发展道路。

城乡生态环境失衡不是一个专业问题，而是一个政治问题，根源是我们扭曲的发展理念。理念是行为的先导，没有正确的理念就没有正确的行动，加强城乡生态环境治理必须理念先行。城乡生态环境治理需要强化民众的环境保护意识，而政府的环境保护意识的提升则又是其中的关键。各级政府尤其是政府中的领导干部掌握着一个地区发展的战略决策权力，在推动整个社会发展中担负着重要的责任，如果在政府的行为中缺乏正确的理念指导，势必要产生较严重的后果。

树立正确的城乡统筹观。传统的城乡发展观是为追求经济增长，不惜以牺牲环境为代价，只顾眼前局部利益，不顾长远全局利益，由此造成了城乡沉重的资源和环境压力。面对日益严峻的生态环境问题，我们必须转变错误的发展理念，树立科学的发展观。只有树立了正确的发展理念，人们的行动才有可能正确。党在十六届三中全会上第一次明确提出了科学发展观，从其"以人为本、统筹兼顾、全面协调可持续发展"的深刻内涵不难看出，科学发展观是对片面追求经济增长的发展理念的一种修正，从宏观上指导着我国各项事业的发展沿着科学的轨道运行，也是统筹城乡生态环境建设的行动纲领。我们要在科学发展观的指导下，促进人与自然的和谐，实现经济发展和人口、资源、环境相协调，坚持走生产发展、生活富裕、生态良好的文明发展道路，逐步实现城乡生态环境统筹发展。由于县域之间、城乡之间的环境资源和环境问题千差万别，因此转变发展理念，统筹规划、科学定位、突出重点，因地制宜，针对不同地域的实际情况来确定发展方向，采取有针对性的治理和管理模式，对城乡生态环境的统筹起着重要的作用。

实践证明，领导干部是否具有科学的发展观和正确的政绩观是影响日常决策和当地发展方向的重要因素，完善环保绩效考核机制是引导领导干部科学决策的有力保证。在明确县级各部门和乡镇环保工作任务的基础上，县域政府应与各部门和乡镇签订目标责任书，在宏观上将环保工作纳入全县目标考核内容，并可结合我国县域实际，构建一套县域经济发展中城乡生态统筹机制形成的指标体系，做到城乡考核力度一致而且通过对指标体系的分析和评估，可以对县域生态环境系统进行研究分析，在此基础上形成的综合评估方案，可为城乡生态环境统筹管理提供科学依据。在微观层面上，领导干部的考核体系中应进一步体现、落实环境保护领导责任制，将环境质量和环境保护工作纳为各级政府领导干部绩效考核的主要内容，督促领导在促进发展的同时考虑环境的承载能力，统筹兼顾，科学决策，引导各级领导干部树立科学的发展观和正确的政绩观。

6.3.1 以发展为动力，加强对农村环境治理的财政支持

发展经济是解决环境问题的根本、有效的手段。根据发达国家的经验，一个国家在经济高速发展时期，要不断增加环保投入在国民生产总值的比例才能有效控制污染，才能使环境质量得到明显改善。尽管我国政府对环境保护的直接投入力度在不断加大，但这些资金主要流向了城市，形成了"重城市、轻农村、先城市、后农村"的不合理的政策倾向，从而加剧了农村生态环境的恶化。因此我国在继续加大环保投入的同时，县域财政应统筹兼顾，加大对农村环境保护的资金投入，建立农村环保专用资金，提高农村环境保护水平。首先，设立农村环保专项资金。从国内外农村生态环境建设情况来看，农村生态环境的治理都离不开政府设立的专项资金的保障。我国政府应把农村环境保护纳入县域财政预算的支出范畴，从政策上确定其应有的地位。并且在制定预算时，应注意将其投入领域明细化，设立污染治理、环境规划、环境标准、环境信息、环境监督、行政管理以及各类资源保护等子项目，待资金投入使用后环保部门每年要定期对环保财政预算的执行情况进行考核，确保每一笔投入都落到实处。重点解决所辖地区环保基础设施建设与环保能力建设，还要抽出部分资金用于农村环境卫生维护，聘请专职环卫人员进行保洁和卫生监督工作。其次，建立多元化环境保护融资机制。现阶段我国用于环境投入的公共资金有限，而且有关环境保护的专门财政收入渠道狭窄，主要来源于排污收费。

6.3.2 加强政府对环境保护的税收支持

从环保的角度看，我国现行税制中存在税种少、覆盖面小的缺陷，而且税制中大部分税种的税目、税基、税率的选择都未从环境保护与可持续发展的角度考虑，与国际上已经建立起来的环保型税收体系覆盖面大、征收力度强、划分细致、极易操作的发展趋势相差甚远。环境是一种公共资源，要制约社会各个主体对生态环境的污染，税收是一个有力的杠杆，所以应将环境税收纳入现行的国家税收体系，通过纳税约束企业和个人对环境的污染，引导其从事资源节约、环境友好的生产活动和消费行为，同时筹集环保资金，为国家的环境与资源保护提供资金支持。

6.3.3 以科技为支撑，加速城乡环境统筹进程

科技的运用是实现城乡生态统筹的加速器。纵观国外发达国家，如美国、日本和韩国等之所以在工农业发展的同时能与环境保持和谐，原因就在于高科技的创新和应用，不但提高了生产效率，而且建成了资源节约、环境友好的社会。因此，充分发挥科技的支撑作用，创新城乡环境治理模式，提高环境治理效率，是提升城乡环境质量的有效路径。

推动技术创新，当前，世界农业科技发展正以信息技术为先导，以生物技术为核心，建立

高产高效、营养健康、安全环保的新型农业科技体系，重大突破和新的发展正在酝酿过程中。然而，我国农业技术研究则局限在县域生态环境的城乡失衡与统筹研究点是处理好工业企业造成的工业污染和城市居民造成的生活污染问题，禁止工业固体废弃物、危险废弃物、城市垃圾及其他污染物向农村转移。而农村环境治理的重点则是综合处理好乡镇工业带来的点源污染和农业生产产生的面源污染，加强规模化养殖场污染治理，推进农村生活垃圾和污水处理，改善环境卫生和村容村貌。充分利用好城市资金、技术和人才优势，全力支持农村防治污染工作，实现生态环境的城乡统筹。

统筹城乡生态环境建设，必须树立城乡平等的发展理念，把农村环境保护和城市环境保护放在同等重要的位置上，把农村环境保护纳入政府管理规划，改变农村环境保护被动、次要的弱势地位，促进城乡环保一体化进程。具体来说，政府应根据城乡二元结构的特点，结合社会主义城乡统筹发展的要求，立足农村生态环境现状，制定环保规划。首先，合理规划城乡产业布局。中心县城集中发展高新技术产业、现代制造业和服务业，乡村积极发展劳动密集型传统产业，推动工业向工业园区集中，人口向小城市集中，服务业向中心城市集中，实现土地等资源的集约使用。其次，统一规划城乡环保基础设施建设。农村日益增长的废弃物排放量同当前落后的基础设施不能满足需要的矛盾突出，政府应按照"以城带乡、以镇带村"的原则统筹城乡基础设施建设，科学规划污水集中处理设施，修建统一的垃圾中转处理站，对污水、垃圾等废弃物进行集中处理、集中排放，实现基本公共服务设施均衡化。

转变政绩观，落实环保考核制度。改革开放以来，我国选择了追求经济增长的发展战略，取得了举世瞩目的经济成就。但与此同时，我国的生态环境客观上也遭受到了严重的破坏。生态环境的城乡统筹是一项系统工程，涉及多个部门，多条战线，需要对各部门的环境执法进行统一的协调和监督，实现各个部门的资源共享，协同合作，形成环境执法的合力，提高执法效率。在农村设立"环保站"、"环保所"等基层执法单位来扩大执法范围，并配备专门的环保监测、调查、执行人员，促使城市环保机构中的工作人员也能够为农村服务。

提高城乡环境监管能力。我国县域范围内生态环境失衡问题的解决还需要政府发挥强有力的监督作用，从各个方面维护环境管理机构的良好运行。一是建立环境监督委员会，从宏观指导和影响政府城乡发展规划、财政预算和工业布局等各方面政策的制定。二是建立一支管理高效、责任明晰、专业尽责的农村环保监管队伍。三是加大环境监督执法力度，严肃查处违法行为。研究建立城乡环境监测网络，开展环境风险评估工作，提高污染事故鉴定和处置能力。四是完善城乡环境治理工作的干部考核机制，对县域各级党委、政府及其领导实行严格的环保绩效考核，督促各级领导把城乡环境保护放在和经济发展同等重要的位置上，统筹城乡生态环境的建设。以民众为主体，倡导城乡环境全民共建。城乡生态环境的改善既要依靠一系列政策、法律、制度、技术推动落实，也需要城乡居民的热心参与。民众力量在环境治理中起着重要的作用，只有充分发挥民众力量的积极作用，才能改变城乡生态环境失衡的状况。民众的参与是建立在民众具有一定环境意识和参与能力的基础上的，由于受多种因素的影响，我国农村居民的环境意识远远落后于城市居民，参与环境治理的积极性也远不如城市居民。因此，必须通过各种渠道加大对民众的环境宣传教育力度，提高他们的环境意识，增强其参与环境治理的能力。

加强环境保护教育。我国农民的科学文化素养普遍偏低，环境保护意识欠缺，在农村随意丢弃生活垃圾、房前屋后堆集污染物的现象随处可见，加强环境保护教育就显得尤为重要。通过环境保护教育，可以帮助村民树立起正确的环境价值观念，掌握一定程度的环境专业知识，了解当前的环境法律法规，意识到周围环境危机的紧迫性，并由此激发起他们保护环境的责任感和积极性。地方各级学校要广泛开展环境教育，采用正确合理的教育方式，正确引导广大群众学习环境保护知识，对领导和干部进行培训。与此同时，社会团体也要积极发挥作用，鼓励民众参与环境保护工作。

扩大舆论宣传。由于农民没有自发地形成环境保护意识，从盲目追求经济增长到重视生态环境保护，思想上需要一个转变过程。利用广播、电视、报纸等传统媒体及网络等新型媒体的力量，宣传环保的理念，制造舆论、树立典型。一方面能够让人们更快更准地认识到环境保护的重要性，另一方面也更有利于呼吁更多的民众参与到城乡生态环境建设的事业中来。电视、广播、报纸等新闻媒体平日里要积极报道和表彰环境保护工作中的先进分子，敢于公开揭露和批评严重污染和破坏农村生态环境的违法分子，尤其是领导干部。对那些严重损害和破坏环境的行为予以曝光，充分发挥其舆论导向作用，扩大舆论宣传，彻底改变农村居民的生态环境意识，提高其建设良好生态环境的自觉性。另外，由于农业科技推广体系不健全和农民整体素质不够高，农业科技成果的转化应用受到了制约，很多成果不能变成现实生产力。我国城乡经济正处于快速发展时期，面对经济发展所带来的环境问题，我们只有加快推进科技进步与创新才能缓解城乡生态环境压力，推广生态农业技术，发展循环经济，实现经济、资源、环境的可持续发展。政府应为高新技术的研发提供必要的资金与设备支持。政府可资助大学、研究所针对具体的农村环境污染、生态退化问题进行科研项目研究，科研成果直接推广到农业生产，还应针对农民群众的素质状况，着力开发出简便易行的环保技术，以便普及推广。另外，要结合各地农村实际，开发低成本、高效率的污水、垃圾处理技术，大力开发适合乡村工业、农业、生活污染防治、农业废弃物综合利用等方面的技术，创新发展小城市环境服务业和资源回收利用业，降低农村生产、生活污染带来的环境破坏。在条件允许的地区，还可以通过综合运用数字技术、网络技术、遥感技术等对农业环境进行精确分析，科学指导化肥、农药等的施用量，实现农业的生态化发展道路，提高农村环境质量。

推广技术成果。在重视环保技术研发的基础上，政府要建立农村环保适用技术发布制度，及时推广最新技术的应用。并为农村环境保护技术的应用配备一支精干的技术服务队伍，对农民进行培训和指导，特别是基层环保所要定期派专业技术人员去农村检查、指导工作，帮助解决现实难题。

完善的环境立法是实现城乡生态统筹的根本保障。从韩国的成功经验中可以看出，城乡生态环境的统筹要建立在完善的法律法规的基础上。我国目前主要依靠行政手段来保护生态环境，环保法律法规还很滞后，进而造成执法能力和监管能力缺位，因而环境保护的立法和行政要并重，不可偏废。完善城乡环境法律体系。我国现行的环境立法尤其是污染防治立法，主要适用于城市，虽然法律提出了农村环保问题，但适用于乡村和乡镇企业环境特点的法律政策很少，而且缺乏针对性和可操作性，使得农村的环境治理工作缺乏法律保障。完善城乡环境保护的法律体系，是实现县域城乡生态环境统筹发展的必由之路。完善城乡环境法律体系，一方面要针对我国现在城乡环境治理过程中出现的法律盲区，对现行环保法律法规进行修订和补充，完善农村环保立法，使管理工作有法可依有章可循。另一方面要紧跟国内外经济与环境保护的发展趋势，借鉴国外发达国家关于环境立法的先进经验，增加一些具有实效性的法律规章制度。此外，我国的环境立法还要注意既要正确定位政府在城乡环境统筹中的角色，又要明确定义企业等社会主体应承担的社会责任，既要防治城乡生态环境污染，又要重视城乡生态环境统筹，从而形成一个门类齐全、操作性强的城乡环保法律体系。

第7章

生态文明建设示范区建设规划

7.1 生态文明建设的概念与内涵

7.1.1 国家生态文明建设的指导思想

以国务院《生态文明体制改革总体方案》为统领,对生态文明建设作出顶层设计,推进生态文明建设,破解制约生态文明建设的体制机制障碍。具体来讲,是要按照六大理念、六项原则、八类制度的要求,全面推进生态文明建设示范区创建工作。六大理念是指尊重自然、顺应自然、保护自然,发展和保护统一,绿水青山就是金山银山,自然价值和自然资本,空间均衡,山水林田湖是生命共同体;六项原则是指坚持正确方向,自然资源公有,城乡环境治理体系统一,激励和约束并举,主动作为和国际合作结合,试点先行与整体推进结合;八类制度则是指自然资源资产产权,国土开发保护,空间规划体系,资源总量管理和节约,资源有偿使用和补偿,环境治理体系,市场体系,绩效考核和责任追究。

7.1.2 国家生态文明建设的基本原则

(1)整体性原则:示范区作为一个自然、人类社会和人类精神共同构成的整体,其各个部分相互依存、相互制约。在发展过程中要把区域经济社会发展置于全省发展的整体中,用整体的观点看待经济社会发展各要素之间的相互关系,用整体的观点衡量生态文明建设成效。

(2)可持续性发展原则:坚持可持续性发展原则,就是在发展经济的同时,充分考虑环境、资源和生态的可承载能力,保持人与自然的和谐发展,实现自然资源的永续利用和社会的永续发展。

(3)平等公正原则:既要实现当代人在利用自然资源以及满足自身利益上谋求机会平等、责任平等,又要考虑当代人与后代人对自然资源在享有权力上的机会均等。

7.1.3 国家生态文明建设示范区的内涵

国家生态文明建设示范区是推进区域生态文明建设的有效载体。生态文明建设示范区是在国家生态文明建设新形势、新要求下,遵循创新、协调、绿色、开放、共享的发展理念,坚持科学性、系统性、可操作性、可达性和前瞻性原则,以国家生态示范区建设指标为基础,充分考虑示范区特色和优势,围绕优化国土空间开发格局、全面促进资源节约、加大自然生态系统和环境保护力度、加强生态文明制度建设等重点任务,以促进形成绿色发展方式和绿色生活方式,以改善生态环境质量为导向,从生态空间、生态经济、生态环境、生态生活、生态制度、生态文化六个方面,全面衡量示范区是否达到国家生态文明建设示范区的标准,对尚未达标的指标,进行重点项目和工程的规划与谋划,以期逐步实现国家生态文明建设示范区的各项指标。

国家生态文明建设的目的是为了治理和保护生态环境。建设的重点是转变经济增长方式,有效保护和合理利用自然资源,有效控制人口总量,保持生态环境良好并不断趋向更高水平的平衡,发展以循环经济为特色的经济发展新形态,发展生态文化,基本形成经济效益好、资源消耗低、环境污染少、人力资源得到合理利用的可持续发展的经济体系。

7.2　生态文明示范区建设的指标体系

国家生态文明建设示范区创建指标分为6个领域、10项任务、38个指标（表7-1）。建设要求是到2021年，示范区全部达到国家生态文明建设示范区指标要求，通过国家生态文明建设示范区考核验收。

国家生态文明建设示范区指标表　　　　　　　　　表7-1

领域	任务	序号	指标名称		单位	指标值	指标属性
生态空间	（一）空间格局优化	1	生态保护红线		—	执行并遵守	约束性指标
		2	耕地红线		—	遵守	约束性指标
		3	受保护地区占国土面积比例（平原地区）		%	≥16	约束性指标
		4	规划环评执行率		%	100	约束性指标
生态经济	（二）资源节约利用	5	单位地区生产总值能耗		吨标煤/万元	≤0.70且能源消耗总量不超过控制目标值	约束性指标
		6	单位地区生产总值用水量（西部地区）		m³/万元	用水总量不超过控制目标值≤80	约束性指标
		7	单位工业用地工业增加值（西部地区）		万元/亩	≥50	参考性指标
	（三）产业循环发展	8	农业废弃物综合利用率 秸秆综合利用率 畜禽养殖场粪便综合利用率		% %	≥95 ≥95	参考性指标
		9	一般工业固体废物处置利用率		%	≥90	参考性指标
		10	有机、绿色、无公害农产品种植面积的比重		%	≥50	参考性指标
生态环境	（四）环境质量改善	11	空气环境质量质量改善目标	优良天数比例 严重污染天数	— % —	不降低且达到考核要求 ≥85 基本消除	约束性指标
		12	地表水环境质量	质量改善目标 水质达到或优于Ⅲ类比例（平原区） 劣Ⅴ类水体	— % —	不降低且达到考核要求 ≥70 基本消除	约束性指标
		13	土壤环境质量（质量改善目标）		—	不降低且达到考核要求	约束性指标
		14	主要污染物总量减排		—	达到考核要求	约束性指标

领域	任务	序号	指标名称		单位	指标值	指标属性
生态环境	（五）生态系统保护	15	生态环境状况指数（EI）		—	≥55且不降低	约束性指标
		16	森林覆盖率（平原地区）		%	≥18	参考性指标
		17	生物物种资源保护	国家重点保护物种受到严格保护	—	执行	参考性指标
				外来物种入侵	—	不明显	
	（六）环境风险防范	18	危险废物安全处置率		%	100	约束性指标
		19	污染场地环境监管体系		—	建立	参考性指标
		20	重、特大突发环境事件		—	未发生	约束性指标
生态生活	（七）人居环境改善	21	村镇饮用水卫生合格率		%	100	约束性指标
		22	城镇污水处理率（县）		%	≥85	约束性指标
		23	城镇生活垃圾无害化处理率（西部地区）		%	≥85	约束性指标
		24	农村卫生厕所普及率		%	≥95	参考性指标
		25	村庄环境综合整治率（西部地区）		%	≥55	约束性指标
	（八）生活方式绿色化	26	城镇新建绿色建筑比例（西部地区）		%	≥30	参考性指标
		27	公众绿色出行率		%	≥50	参考性指标
		28	节能、节水器具普及率（西部地区）		%	≥60	参考性指标
		29	政府绿色采购比例		%	≥80	参考性指标
生态制度	（九）制度与保障机制完善	30	生态文明创建规划		—	制定实施	约束性指标
		31	生态文明建设工作占党政实绩考核比例		%	≥20	约束性指标
		32	自然资源资产负债表		—	编制	参考性指标
		33	固定源排污许可证覆盖率		%	100	参考性指标
		34	国家生态文明建设示范乡镇占比		%	≥80	约束性指标
生态文化	（十）观念意识普及	35	党政领导干部参加生态文明培训的人数比例		%	100	参考性指标
		36	公众对生态文明知识知晓度		%	≥80	参考性指标
		37	环境信息公开率		%	≥80	参考性指标
		38	公众对生态文明建设的满意度		%	≥80	参考性指标

7.3　生态文明建设示范区建设规划

7.3.1　顶层设计理念

国家生态文明建设示范区创建规划具有系统性、综合性、专业性特点，宜采用顶层设计思想作为规划的基本方法。

顶层设计理念是源于自然科学或大型工程技术领域的一种设计理念。它是针对某一具体的设计对象，运用系统论的方式，自顶层开始的总体构想和战略设计，注重规划设计与实际需求的紧密结合，强调设计对象定位上的准确、结构上的优化、功能上的协调、资源上的整合，是一种将复杂对象简单化、具体化、程式化的设计理念。顶层设计不仅需要从系统和全局的高度对设计对象的结构、功能、层次、标准进行统筹考虑和明确界定，而且十分强调从理想到现实的技术化、精确化建构，是铺展在意图与实践之间的"蓝图"。

7.3.2　规划技术路线

国家生态文明建设示范区的规划技术路线如图7-1所示。

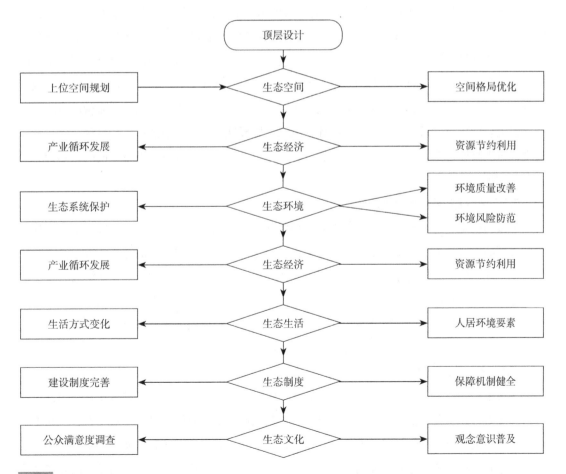

图7-1
国家生态文明建设示范区创建规划技术路线图

（1）以经济和生态环境协调发展为总体目标，以生态保护和优化产业结构为重点，逐步实现可持续发展。

（2）在生态环境保护和建设方面，以污染综合治理，重要水源涵养区和提高森林覆盖为重点。

（3）生态经济能力建设突出生态农业、生态工业、生态旅游和生态城镇的建设。

（4）大力发展生态文化，提高社会文明，使科技振兴战略具体化，切实发挥作用。

7.3.3 生态功能区

生态功能区划分的目的是：①保证生态文明建设示范区创建的顺利实施；②通过分区达到土地和各种资源的最佳配置；③为实现可持续发展创造基础条件；④增强生态文明建设示范区规划实施的可操作性；⑤明确区域生态系统类型的结构与过程以及空间分布特征，主要生态环境问题、成因及其空间分布特征，生态环境敏感性的分布特点与生态环境高敏感区。

生态功能区的划定原则：

7.3.3.1 生态过程地域分异原则

宏观生态系统是一个由一系列不同生态系统相互组合，在空间上连续分布的整体，在其内部，由于气候、地貌、土壤、植被及人类干扰等条件的不同，形成相应的次级生态系统结构、功能的分异，产生不同的生态过程，为人类提供不同的生态服务功能，具有不同的生态敏感性，由此可划分出不同的生态功能区。因此，生态过程地域分异原则是进行生态功能区域划分的理论基础。例如，黄土高原系第四纪以来黄土沉积而成，虽然其内部的地质构造有明显差异，但地表物质组成具有一致性，并由此导致以土壤侵蚀为主的物质迁移生态过程，以及相似的现代黄土高原自然景观。因此，从生态过程、生态环境敏感性等方面看是相同的，划归为同一个大的生态区。

7.3.3.2 生态系统等级性原则

等级理论是了解生态系统多尺度空间格局的基础，它包括生态系统结构等级和生态过程等级两方面的内容。主要表现在以下几个方面：①生态系统是一个包容性的等级系统，具有明显的尺度特征，低等级的组分依赖于高等级组分的存在，而高等级组分的特征在低等级组分中能得到体现；②生态过程与生态格局之间的关系取决于尺度大小，低层次的非平衡过程可以整合到高层次的稳定过程中；③随等级的增大，研究空间和基粒增大，分辨率降低。所以，等级性原则是进行生态功能区逐级划分或合并的理论基础。

7.3.3.3 相对一致性原则

区域生态环境的特征、生态过程及由此产生的对人类社会的服务功能是客观存在的，对其进行识别划分，主要是依据相似性和差异性。如我国西北地区总体上具有降水稀少、气候干旱的特征，植被和土壤有明显的荒漠性，在风蚀作用下的地表物质搬运和在强烈太阳辐射下地下水分的垂直移动、蒸发是其主要的生态过程，并由此引发沙漠化等生态环境问题，因此在高等级区划单位中可将该区划为同一个大的生态区。但在较低区划单位中，又可按内部差异进一步划分不同的生态功能区。

7.3.3.4　区域共轭性原则

又称空间连续性原则，也就是说任何一个区划单元都必须是个体的、不重复出现的和在空间上连续的。这也是区划划分与类型划分的不同之处。另外，受行政区划的影响，在研究区可能出现一个生态功能区被分割，在行政空间上不连续的情况，但实际上它们在行政界外是连续的，所以并不违背该原则。

7.3.3.5　重视与人类社会生存发展密切相关的生态过程和功能

生态系统具有多种多样的生态过程和功能，与人类社会的生存发展密切相关的主要有能量的转换、水循环、物质迁移等生态过程以及水源涵养和调蓄、土壤保持、物质生产、生物多样性维持、环境净化、文化休闲娱乐等功能。因此，在生态环境功能区划时，重点以上述特征的地域分异规律为主要的划分依据。

7.3.4　生态红线划定

生态红线划分的目的是：①保证生态文明建设示范区创建的顺利实施；②通过分区达到土地和各种资源的最佳配置；③为实现可持续发展创造基础条件；④增强生态文明建设示范区规划实施的可操作性；⑤明确区域生态系统类型的结构与过程以及空间分布特征，主要生态环境问题、成因及其空间分布特征，生态环境敏感性的分布特点与生态环境高敏感区。

生态红线的划定原则：

7.3.4.1　应保尽保原则

生态保护红线的划定要牢固树立保护生态环境就是保护生产力、改善生态环境就是发展生产力的理念，在生态保护红线划定过程中，要体现"美丽中国"的发展战略，把切实需要保护的重点区域纳入生态保护红线，坚决保护好良好的生态环境。

7.3.4.2　合法合规原则

生态保护红线的划定须依据《环境保护法》、《自然保护区条例》、《风景名胜区条例》等国家相关法规政策的规定，将现有相关法定的自然生态保护地或有关规划已经列入的保护区域作为生态保护红线划定对象，确保划定结果的合法性和合理性。

7.3.4.3　兼顾发展原则

生态保护红线划定应与主体功能区规划、生态功能区划、土地利用总体规划、林地保护利用规划、城乡规划、矿产资源规划及各类生态保护规划等区划、规划相协调，与经济社会发展需求相适应，预留适当的发展空间和环境容量空间，合理划定生态保护红线范围。

7.3.4.4　分级落实原则

为提高生态保护红线划定和管理的针对性、可行性和可操作性，示范区应统筹划定全区生态保护红线，各市、县（区）在同一规范下进行勘界定标，各有关部门按照职责分工和相关管理规定确定划定范围并进行有效管理。

7.3.4.5 统筹协调原则

生态保护红线的划定应统筹区域内山水林田湖各类生态系统，兼顾稳定性与动态性，依照先易后难的原则逐步推进，保证保护面积不减少、保护性质不改变、生态功能不退化、管理要求不降低。生态保护红线空间格局可随生态安全保障需要逐步优化。

参考文献

［1］吴传钧．中国农业与农村经济可持续发展问题—不同类型地区实证研究［M］．中国环境科学出版社，2001：67.

［2］吴智刚，袁宇志，蒙金华，张正栋，张俊岭．村镇区域空间规划实施评估与监测系统设计［J］．广东农业科学，2014，41（18）：218-222.

［3］阴新明．古村镇保护规划的实施与居民参与［J］．山西建筑，2006（24）：39-40.

［4］徐勤政．集体建设用地存量的形成与消纳——北京市集体建设用地规划实施研究中的思考［A］．中国城市规划学会、贵阳市人民政府．新常态：传承与变革——2015中国城市规划年会论文集（11规划实施与管理）［C］．2015：16.

［5］马晨光，赵天宇．前瞻性与实效性：严寒地区村镇绿色建筑体系实施导则编制初探［J］．建筑科学，2015，31（08）：7-11.

［6］刘珺．生态型岛屿地区空间发展模式与实施路径［A］．中国城市规划学会，贵阳市人民政府．新常态：传承与变革——2015中国城市规划年会论文集（09城市总体规划）［C］．2015：8.

［7］崔彩辉，韩志刚，苗长虹，王兵，刘钢军．河南省人口分布与乡镇可达性空间耦合特征［J］．人文地理，2017，32（05）：98-104+118.

［8］杨美玲，米文宝．基于主体功能细分的宁夏限制开发生态区区域发展的动力机制［J］．宁夏大学学报（自然科学版），2017，38（02）：193-199+206.

［9］伍灵晶，仝德，李贵才．地方政府驱动下的城市建成空间特征差异——以广州、东莞为例［J］．地理研究，2017，36（06）：1029-1041.

［10］沈欢欢．基于"多规融合"的乡镇空间规划指标体系研究［D］．浙江大学，2017.

［11］唐伟成．村庄城镇化发展的空间特征与内在机制研究——基于长江三角洲的案例分析［J］．小城镇建设，2017（04）：29-31+71.

［12］吴乘月．信息时代农村地区发展新动力机制初探——以沙集东风村为例［A］．中国城市规划学会，沈阳市人民政府．规划60年：成就与挑战——2016中国城市规划年会论文集（10城乡治理与政策研究）［C］．2016：12.

［13］付亚群，张敏敏，刘晓云．不同特征乡镇卫生院人员绩效考核效果分析［J］．中国公共卫生，2017，33（09）：1390-1393.

［14］杨柳．湖北省山地地区乡镇发展特征及规划对策研究［D］．华中科技大学，2016.

［15］柏中强，王卷乐，杨雅萍，孙九林．基于乡镇尺度的中国25省区人口分布特征及影响因素［J］．地理学报，2015，70（08）：1229-1242.

［16］卢凤君，张敏，金琰，卢凤林，孙金晶．大都市区乡镇农业发展的特征规律及创新路径［J］．广东农业科学，2014，41（11）：207-211.

［17］国家质检总局．GB/T 32000—2015美丽乡村建设指南［S］．中国标准出版社，2015-06-01.

［18］水利部．GB/T 15772—2008水土保持综合治理规划通则［S］．中国标准出版社，2009-02-01.

［19］卫生部．GB 18055—2012村镇规划卫生规范［S］．中国标准出版社，2013-05-01.

［20］国土资源部．TD/T 1026—2010市（地）级土地利用总体规划数据库标准［S］．中国标准出版社，2010-11-30.

［21］国土资源部．TD/T 1028—2010乡（镇）土地利用总体规划数据库标准［S］．中国标准出版社，2010-11-30.

［22］国土资源部．TD/T 1027—2010县级土地利用总体规划数据库标准［S］．中国标准出版社，2010-11-30.

［23］国土资源部. TD/T 1025—2010乡（镇）土地利用总体规划编制规程［S］. 中国标准出版社，2010-07-31.

［24］国土资源部. TD/T 1023—2010市（地）级土地利用总体规划编制规程［S］. 中国标准出版社，2010-07-31.

［25］国土资源部TD/T 1024—2010县级土地利用总体规划编制规程［S］. 中国标准出版社，2010-07-31.

［26］国土资源部. TD/T 1022—2009乡（镇）土地利用总体规划制图规范［S］. 中国标准出版社，2009-11-20.

［27］国土资源部. TD/T 1020—2009市（地）级土地利用总体规划制图规范［S］. 中国标准出版社，2009-11-20.

［28］国土资源部. TD/T 1021—2009县级土地利用总体规划制图规范［S］. 中国标准出版社，2009-11-20.

［29］国家林业局. LY/T 2009—2012县级林地保护利用规划制图规范［S］. 中国标准出版社，2012-07-01.

［30］国家林业局. LY/T 1956—2011县级林地保护利用规划编制技术规程［S］. 中国标准出版社，2011-07-01.

［31］水利部. SL 462—2012农田水利规划导则［S］. 中国标准出版社，2012-06-22.

［32］水利部. SL 471—2010水利风景区规划编制导则［S］. 中国标准出版社，2010-07-12.

［33］水利部. SL 145—2009水电新农村电气化规划编制规程［S］. 中国标准出版社，2010-03-25.

［34］水利部. SL 294—2003农村水电站开发规划选点导则［S］. 中国标准出版社，2004-04-01.

［35］北京市. DB11/T 969—2016城镇雨水系统规划设计暴雨径流计算标准［S］. 中国标准出版社，2017-02-01.

［36］北京市. DB11/ 1116—2014城市道路空间规划设计规范［S］. 中国标准出版社，2015-03-01.

［37］北京市. DB11/T 997—2013城乡规划计算机辅助制图标准［S］. 中国标准出版社，2013-10-01.

［38］北京市. DB11/ 996—2013城乡规划用地分类标准［S］. 中国标准出版社，2014-01-01.

［39］山东省. DB37/T 2737.1—2015生态文明乡村（美丽乡村）建设规范 第1部分：规划编制指南［S］. 中国标准出版社，2016-01-01.

［40］山东省DB37/T 2737.2—2015生态文明乡村（美丽乡村）建设规范 第2部分：基础设施与村容环境［S］. 中国标准出版社，2016-01-01.

［41］山东省. DB37/T 2737.3—2015生态文明乡村（美丽乡村）建设规范 第3部分：产业发展［S］. 中国标准出版社，2016-01-01.

［42］山东省. DB37/T 2737.4—2015生态文明乡村（美丽乡村）建设规范 第4部分：公共服务［S］. 中国标准出版社，2016-01-01.

［43］山东省. DB37/T 2737.5—2015生态文明乡村（美丽乡村）建设规范 第5部分：乡风文明［S］. 中国标准出版社，2016-01-01.

［44］山东省. DB37/T 2737.6—2015生态文明乡村（美丽乡村）建设规范 第6部分：村务管理与长效管理［S］. 中国标准出版社，2016-01-01.

［45］山东省. DB37/T 652.1—2012城市社区及农村消防安全管理规范 第1部分 城市社区消防安全管理规范［S］. 中国标准出版社，2012-03-01.

［46］山东省. DB37/T 652.2—2012城市社区及农村消防安全管理规范 第2部分 农村消防安全管理规范［S］. 中国标准出版社，2012-03-01.

［47］江苏省. DB32/T 1538—2009农业园区规划设计规范［S］. 中国标准出版社，2009-12-16.

［48］河北省. DB13/T 1347—2010城镇居住区绿地规划设计规范［S］. 中国标准出版社，2011-01-20.

［49］湖北省. DB42/T 1078—2015湖北省市（县）城乡总体规划编制规程［S］. 中国标准出版社，2015-12-01.

［50］湖北省. DB42/T 536—2009城市规划信息系统空间数据标准［S］. 中国标准出版社，2009-03-12.

［51］福建省. DB35/T 1278—2012森林城市（县城）总体规划技术规程［S］. 中国标准出版社，2012-10-20.

［52］黑龙江省. DB23/T 1769—2016严寒地区绿色村镇规划技术及景观风貌规划设计标准［S］. 中国标准出版社，2016-07-22.

［53］重庆市. DB50/T 592—2015重庆市城乡规划基础空间数据要求［S］. 中国标准出版社，2015-10-01.

［54］宁夏回族自治区. DB64/ 1068—2015农村住宅节能设计标准［S］. 中国标准出版社，2015-07-06.

［55］宁夏回族自治区. DB64/T 868—2013农村生活污水分散处理技术规范［S］. 中国标准出版社，2013-09-16.

［56］宁夏回族自治区. DB64/T 741—2011农村敬老院建设管理服务规范［S］. 中国标准出版社，2011-12-29.

［57］宁夏回族自治区. DB64/T 710—2011农村集中式饮用水水源地保护工程技术规范［S］. 中国标准出版社，2011-11-28.

［58］宁夏回族自治区. DB64/T 699—2011农村生活污水处理技术规范［S］. 中国标准出版社，2011-09-05.

［59］宁夏回族自治区. DB64/T 701—2011农村生活垃圾处理技术规范［S］. 中国标准出版社，2011-09-05.

［60］广西壮族自治区. DB45/T 1325—2016美丽乡村公共服务通用要求［S］. 中国标准出版社，2016-06-20.

［61］广西壮族自治区. DB45/T 1324—2016美丽乡村饮用水卫生管理规范［S］. 中国标准出版社，2016-06-20.

［62］广西壮族自治区. DB45/T 1322—2016美丽乡村环境卫生通用要求［S］. 中国标准出版社，2016-06-20.

［63］广西壮族自治区. DB45/T 1323—2016美丽乡村村务管理规范［S］. 中国标准出版社，2016-06-20.

［64］江苏省. DB32/T 2925—2016农村（村庄）环境卫生管理与维护通则［S］. 中国标准出版社，2016-06-20.

［65］江苏省. DB32/T 2934—2016农村（村庄）公共厕所管理与维护规范［S］. 中国标准出版社，2016-06-20.

［66］江苏省. DB32/T 2933—2016农村（村庄）绿化管理与养护规范［S］. 中国标准出版社，2016-06-20.

［67］江苏省. DB32/T 2931—2016农村（村庄）小型水利设施管理与维护规范［S］. 中国标准出版社，2016-06-20.

［68］江苏省. DB32/T 2929—2016农村（村庄）道路管理与养护规范［S］. 中国标准出版社，2016-06-20.

［69］江苏省. DB32/T 2932—2016农村（村庄）生活垃圾收运设施管理与维护规范［S］. 中国标准出版社，2016-06-20.

［70］江苏省. DB32/T 2928—2016农村（村庄）公共文体设施管理与维护规范［S］. 中国标准出版社，2016-06-20.

［71］江苏省. DB32/T 2926—2016农村（村庄）村容村貌管理与维护规范［S］. 中国标准出版社，2016-06-20.

［72］江苏省. DB32/T 2930—2016农村（村庄）河道（塘）管理与维护规范［S］. 中国标准出版社，2016-06-20.

［73］江苏省. DB32/T 2924—2016农村（村庄）基础设施管理与维护通则［S］. 中国标准出版社，2016-06-20.

［74］江苏省. DB32/T 2927—2016农村（村庄）公共服务中心管理与维护规范［S］. 中国标准出版社，

2016-06-20.

［75］浙江省. DB33/T 912—2014美丽乡村建设规范［S］. 中国标准出版社，2014-04-06.

［76］浙江省. DB33/T 622—2006生态村建设规范［S］. 中国标准出版社，2007-01-30.

［77］海南省. DB46/T 344—2015美丽乡村建设导则［S］. 中国标准出版社，2016-01-01.

［78］湖南省. DB43/T 813—2013绿色乡村［S］. 中国标准出版社，2013-12-14.

［79］福建省. DB35/T 1460—2014美丽乡村建设指南［S］. 中国标准出版社，2014-11-01.

［80］吉林省. DB22/T 1850—2014生态乡（镇）建设规范［S］. 中国标准出版社，2014-06-01.

［81］四川省. DB51/T 983—2009旅游城镇建设规范［S］. 中国标准出版社，2009-12-01.

［82］四川省. DB51/T 983—2009旅游城镇建设规范［S］. 中国标准出版社，2009-12-01.

［83］国家统计局. 中国统计年鉴［M］. 中国统计出版社，2016.

［84］国家统计局. 中国社会统计年鉴［M］. 中国统计出版社，2009.

［85］国家统计局. 中国劳动统计年鉴［M］. 中国统计出版社，2016.

［86］国家统计局. 中国农村统计年鉴［M］. 中国统计出版社，2017.

［87］中华人民共和国住房和城乡建设部. 中国城乡建设统计年鉴［M］. 中国计划出版社，2016.

［88］国家统计局部. 中国建制镇统计年鉴［M］. 中国统计出版社，2016.

［89］国家统计局部. 中国建制镇基本情况统计资料［M］. 中国统计出版社，2016.

［90］国家统计局部. 中国县域统计年鉴［M］. 中国统计出版社，2016.

［91］国家统计局部. 中国县（市）社会经济统计年鉴［M］. 中国统计出版社，2013

［92］国家统计局部. 中国乡镇企业及农产品加工年鉴［M］. 中国统计出版社，2016.

［93］国家统计局部. 中国乡镇企业年鉴［M］. 中国统计出版社，2016.

［94］国家统计局部. 中国分县农村经济统计概要［M］. 中国统计出版社，2016.

［95］国家统计局部. 中国农村乡镇统计概要［M］. 中国统计出版社，2016.

［96］国家统计局部. 新中国农村统计调查［M］. 中国统计出版社，2005.

［97］国家统计局部. 中国农村住户调查年鉴［M］. 中国统计出版社，2016.

［98］国家统计局部. 中国农村全面建设小康监测报告［R］. 中国统计出版社，2016.

［99］宁夏统计年鉴［M］. 中国统计出版社，2016.

［100］宁夏农村统计年鉴［M］. 中国统计出版社，2016.

［101］宁夏乡镇企业统计年鉴［M］. 中国统计出版社，2016.